2019 年农产品加工业
科技创新发展报告

王凤忠　主编

中国农业科学技术出版社

图书在版编目（CIP）数据

2019 年农产品加工业科技创新发展报告／王凤忠主编．—北京：中国农业科学技术出版社，2020.9

ISBN 978-7-5116-4777-1

Ⅰ.①2… Ⅱ.①王… Ⅲ.①农产品加工-加工工业-技术革新-研究报告-中国-2019 Ⅳ.①F326.5

中国版本图书馆 CIP 数据核字（2020）第 092211 号

责任编辑	张志花
责任校对	马广洋

出 版 者	中国农业科学技术出版社
	北京市中关村南大街 12 号　邮编：100081
电　　话	（010）82106636（编辑室）　　（010）82109702（发行部）
	（010）82109709（读者服务部）
传　　真	（010）82106631
网　　址	http://www.castp.cn
经 销 者	各地新华书店
印 刷 者	北京地大天成文化发展有限公司
开　　本	170mm×240mm　1/16
印　　张	9
字　　数	155 千字
版　　次	2020 年 9 月第 1 版　2020 年 9 月第 1 次印刷
定　　价	198.00 元

《2019年农产品加工业科技创新发展报告》
编辑委员会

Contents 目 录

第一章 2019 年粮食加工行业科技创新发展情况

第一节 产业现状与重大需求

一、中华人民共和国成立 70 年来我国粮食发展情况

2019 年是中华人民共和国成立 70 周年。70 年来，我国粮食年产量增长近 5 倍，从 1949 年的 11 318 万吨增加到 2019 年的 66 385 万吨；年人均占有量翻了一番多，从 200 多千克增加到 450 多千克，高于世界平均水平。70 年来，我国粮食生产不断进步，由供给短缺转变为供求基本平衡。1996 年粮食产量历史性突破 50 000 万吨；2004 年以来，粮食生产实现"十六连丰"；2012—2019 年产量连续保持在 60 000 万吨以上。此外，在农田水利、农业机械与农业科技等基础生产条件上也实现了跨越式的发展。目前我国耕地面积约为 134 867 千公顷，累计建设高标准农田 42 667 千公顷，有效灌溉面积 68 267 千公顷；农业机械总动力超过 10 亿万千瓦，主要粮食作物的机械化作业率超过 80%；农业科技进步贡献率达到 58.3%，为粮食安全提供了有力的保障[1]。

二、2019 年我国主要粮食作物播种与产量情况

2019 年 12 月 6 日，国家统计局公布 2019 年全国粮食播种面积 116 064 千公顷，比 2018 年减少 975 千公顷，下降 0.8%。其中谷物播种面积 97 847 千公顷，比 2018 年减少 1 824 千公顷，下降 1.8%。全国粮食单位面积产量 5 720 千克/公顷（381 千克/亩）（1 亩 ≈ 667 米²，15 亩 = 1 公顷），比 2018 年增加 98.4 千克/公顷（6.6 千克/亩），增长 1.8%。其中谷物（主要包括稻谷、小麦、玉米、大麦、高粱、荞麦、燕麦等）单位面积产量 6 272 千克/公顷（418 千克/亩），比 2018 年增加 151.4 千克/公顷（10.1 千克/亩），增长 2.5%。全国粮食总产量 66 384 万吨，比 2018 年增加 594 万吨，增长 0.9%。

其中谷物产量 61 368 万吨，比 2018 年增加 365 万吨，增长 0.6%[2]。

2019 年我国大力发展紧缺、绿色优质农产品生产，粮食生产品质提升，结构优化。一是农业种植结构持续优化。粮食播种面积减少，油菜籽、花生、蔬菜等经济作物播种面积较往年有所增加。粮食作物结构中，低质低效的早稻面积持续调减，优质高效单季稻面积持续增加。二是农业区域布局持续优化。江淮赤霉病高发区、华北地下水超采区和西南条锈病菌源区通过休耕和轮作等措施调减冬小麦播种面积；非优势区的稻谷、玉米播种面积进一步调减，生产进一步向优势区域集中。三是粮食品种结构持续优化。全国优质专用小麦种植比例提高，优质稻谷面积扩大，大豆面积大幅增加，大豆振兴计划实现良好开局[3]。

（一）粮食播种面积稳中略降

1. 谷物和薯类播种面积减少

2019 年，全国谷物播种面积 97 867 千公顷，较上年减少 1 824 千公顷，下降 1.8%。其中，稻谷 29 667 千公顷，比上年减少 496 千公顷，下降 1.6%。小麦 23 733 千公顷，比上年减少 539 千公顷，下降 2.2%。玉米 41 267 千公顷，比上年减少 846 千公顷，下降 2.0%。薯类播种面积 7 133 千公顷，比上年减少 39 千公顷，下降 0.5%[3]。

2. 豆类播种面积增加，其中大豆大幅增加

2019 年，全国豆类播种面积 11 067 千公顷，比上年增加 888 千公顷，增长 8.7%。其中，大豆播种面积 9 333 千公顷，比上年增加 921 千公顷，增长 10.9%。辽宁、吉林、黑龙江、内蒙古"三省一区"大豆面积增加量占全国增加量的 9 成以上，尤其是黑龙江省大豆面积增加 712 千公顷，占全国增加量的 77.3%[3]。

（二）粮食单产水平提高

1. 谷物、豆类、薯类三大类粮食单产水平均有所提高

2019 年，全国粮食作物单产 381 千克/亩，每亩产量比上年增加 6.6 千克，增长 1.8%。其中，谷物单产 418 千克/亩，每亩产量比上年增加 10.1 千克，增长 2.5%；豆类单产 128 千克/亩，每亩产量比上年增加 2.7 千克，增长 2.1%；薯类单产 269 千克/亩，每亩产量比上年增加 3.1 千克，增长 1.2%[3]。

2. 主要粮食品种单产均有不同程度提高

稻谷单产 471 千克/亩，每亩产量比上年增加 2.2 千克，增长 0.5%；小麦单产 375 千克/亩，每亩产量比上年增加 14.3 千克，增长 3.9%；玉米单产 421

千克/亩，每亩产量比上年增加 14.1 千克，增长 3.5%；大豆单产 129 千克/亩，每亩产量比上年增加 2.7 千克，增长 2.2%[3]。

三、我国粮食加工行业现状

2018 年，我国粮食加工业总产值突破 3 万亿元，粮食加工率达到 83%。全国各类涉粮企业实际加工转化粮食 5.5 亿吨，粮食加工转化率达到 83%。全国粮食大型市场 500 多家，主食厨房销售网点 2.2 万个，覆盖超过 3 000 万城乡人口，同比增加一倍多。另外，全国产业化龙头企业建立优质粮源基地 6 700 多万亩，关联农户 1 200 多万户，有力带动了农民创业就业。2018 年末，全国纳入粮食产业经济统计的企业达到 2.3 万户，年工业总产值突破 3 万亿元，产值超千亿元省份 11 个。从质量效益看，产能结构调整优化，粮食深加工和食品加工行业产值增幅分别高于全行业平均水平 3.8 个和 10.7 个百分点，销售利润率达到 6.9%。

四、粮食加工产业政策解析

近年来我国先后编制出台了《中华人民共和国国民经济和社会发展第十三个五年规划纲要》《国家粮食安全中长期规划纲要（2008—2020 年）》《全国新增 1 000 亿斤粮食生产能力规划（2009—2020 年）》《中国食物与营养发展纲要（2014—2020 年）》《全国农业可持续发展规划（2015—2030 年）》《全国国土规划纲要（2016—2030 年）》《国务院办公厅关于加快推进农业供给侧结构性改革大力发展粮食产业经济的意见》《国家乡村振兴战略规划（2018—2022 年）》《粮食行业"十三五"发展规划纲要》等一系列发展规划，从不同层面制定目标、明确措施，引领农业现代化、粮食产业以及食物营养的发展方向，加快推动粮食产业转型升级。重点聚焦"粮头食尾"和"农头工尾"，围绕服务于国家粮食安全战略和乡村振兴战略，突出"三链协同"，即延伸产业链、提升价值链、打造供应链，增创粮食产业协同发展新优势，抓好"优质粮食工程"、示范市县、特色园区、骨干企业建设，形成多点支撑整体发力格局，推进"五优联动"，即坚持质量兴粮、效益优先，实现优粮优产、优粮优购、优粮优储、优粮优加、优粮优销。同时更加注重"三产融合"和"三链协同"，加快发展精深加工，创新模式深化融合，培育龙头集群集聚，提升技术装备水平。更加注重深入实施"优质粮食工程"，加快建设一批重点项目，创新探索一批服务模式，大力培育一批示范样板。更加注重建设现代化粮食产业体系和粮食"产购储加销"体系建设，进一步补短板强弱项建机制。加大协调推动，强化政策支持，优化政务服务，进一步优化营商环境，激发粮食产业高质量发展活力。

五、粮食加工行业发展需求

目前我国粮食加工业总体保持了平稳较快发展态势，粮食加工业结构调整初见成效，规模化集约化水平不断提高，部分关键技术及装备已接近和达到国际先进水平，但整体与国外发达国家相比，还存在较大的差距。主要需求表现如下。

（一）调整产业结构，延长产业链条

目前我国粮食产业结构不够合理，发展方式仍较粗放，深加工水平较低，粮食食用率只有 65%~70%。过度加工现象较普遍，小麦加工精制面粉出品率约70%，产生麸皮 2 000 多万吨；稻米加工精制米出品率约 65%，稻壳年总量达4 000 万吨左右，米糠 1 000 多万吨。虽然目前逐渐发展了粮食加工副产物综合利用技术，但规模不大，且缺乏有效的深度开发与利用研究，产业链短或不完善，致使加工副产物综合利用率低，附加值低。

（二）完善产品质量安全和保障体系

大部分小型粮食加工企业设备落后，生产方式比较简单，在粮食加工过程中缺乏科学的加工方法，还缺乏必要的粮食管理措施，从而导致粮食加工损失浪费较大，且粮食产品质量不高。粮食检测质量标准尚停留在一些物理指标，缺少营养和卫生指标，特别是以预防、控制和追溯为特征的食品质量安全监管体系尚未建立。

（三）提高粮食主食工业化研究水平

我国几千传承下来的传统面、米主食品种样式和制作方法繁多，为现代米、面食品工业的发展提供了丰富的资源库。但传统主食的开发包括了对产品从营销学角度的定位和设计，也需要运用现代营养学和加工学、工程学知识加强产品的感观滋味和营养功能的研究，提高企业标准化和规格化程度。

（四）引导粮食适度加工，开展副产物综合利用

随着生活水平的提高，人民群众普遍追求米、面、油的精细程度。为了迎合人民群众的消费需求，一些粮食加工企业对粮食进行过度加工，影响了粮食加工产品的营养价值，同时也导致了粮食的巨大损失和浪费。加工产生的大量副产物

（主要包括米糠、饼粕、麸皮、稻壳、秸秆等）利用率普遍偏低，大大影响了粮食资源的充分利用。

（五）完善粮食加工标准体系

根据我国制定的粮食加工标准《粮油加工业发展规划（2011—2020）年》，虽然其中包括 400 多项关于粮油产品的加工标准，但是引用国外先进标准不够，对于加工产品品质检测所采用的标准与国际标准相比，比率仅为 20% 左右，而与欧美等先进国家相比，比率更低。而我国有些粮食加工企业为迎合市场需求，其加工标准已经远远超出国家标准，造成粮食加工损失和浪费。

（六）加强粮食加工科技基础理论研究，提高自主创新能力

我国对粮食加工科技研究的投入不足，远低于发达国家 2%～3% 的平均水平。基础研究薄弱，技术支撑力度不够，制约了粮食加工业的产业结构调整与升级。国家工程中心等创新平台建设滞后，产、学、研结合不够紧密，创新人才和开拓型经营管理人才不足，关键技术装备的开发多处于仿制阶段，产品技术含量不高，集中反映出自主创新能力较为薄弱。

第二节　重大科技进展

1. 大米及其制品专用粉加工适宜性与品质评价技术标准体系

针对过度加工营养流失严重、工业专用化程度低等问题，突破加工精度与品质（营养、食用和储存）间的内在规律等关键技术问题，建立适度加工品质评价指标体系，构建营养大米、工业化专用米和糙米米线、米粉等专用粉加工适宜性与品质评价等适度加工技术标准体系。

2. 糙米适度加工与品质改良关键技术装备体系

针对过度加工能耗高、加工精度控制落后以及糙米再加工性差等问题，研发加工精度在线监测，低能耗无辊碾白，多米机自协同控制，表面微缝化、高复水性过热蒸汽等粒食加工，挫切微粉化、栅栏-生物酶等粉食加工的技术及装备，突破复杂背景下现代光电识别与精确运算解析、高成品率碾白与低能耗、糙米皮层结构形态与品质（功能性、再加工性和储藏性）间的变化及调控等关键技术问题，构建大米和糙米制品适度加工技术装备体系。

3. 以谷物为基质的特膳食品加工关键技术及新产品设计创制

打破临床营养品采用单体营养素复配的常规，以谷物豆类为碳水化合物基质，针对谷物基质产品黏度大、冲调分散性和管道流动性差、预消化性不高等瓶颈问题，建立碳水化合物谷物基料的内源酶耦合挤压膨化加工技术，显著改善产品冲调分散性和管道流动性，提高消化吸收率；通过营养素供能比优化和成分重组，精准营养设计，实现全营养支持，研发临床特膳食品，推进临床营养品的国产化和特色化进程。

4. 麦胚高值化利用关键技术研究与产品开发

麦胚是小麦籽粒的生命源泉，含有极其丰富且优质的蛋白质、脂肪、多种维生素、矿物质及微量生理活性成分，被誉为"人类天然的营养宝库"，素有"生命之源"的美称。近年来，对麦胚球蛋白的研究越来越受到重视，其组成成分、功能、理化性质及分离技术等方面的研究也愈发深入，在小麦精深加工行业中也成为一大热点。研究表明，麦胚中蛋白质含量在 30% 左右，主要以清蛋白和球蛋白为主。"十三五"期间，国内外持续就麦胚蛋白的制备、功能性研究、新产品开发等开展了一系列工作，如麦胚蛋白酶解物制备及其抗氧化功能研究、麦胚球蛋白的抗炎活性及组织修复作用研究等。麦胚蛋白质资源的开发利用对于提高国内小麦加工附加值，缓解十分紧缺的蛋白资源，提高人类膳食营养与健康水平具有重要的现实意义。

5. 小麦糊粉层产品高值化利用关键技术研究与产品开发

小麦糊粉层富集麦粒中具有高营养价值的生理活性成分，包括膳食纤维、蛋白质、维生素、矿物质、酚类物质、木酚素和植物甾醇等。因此，糊粉层在抑制糖尿病、心血管病、肠道疾病及某些癌症等慢性病的发病率方面能够发挥重要作用。近年来，国内就小麦糊粉层的分离富集技术、产品纯化技术以及富糊粉层小麦加工制品产品开发等领域开展了一系列创新性工作，如糊粉层的湿法分离技术、电场富集提取技术、旋风涡流分离技术，以及全营养复配粉、全营养面制主食、全营养休闲食品、全营养功能食品等产品开发和产业化示范等，利用小麦糊粉层开发出了适合国人不同消费需求的全营养中式食品，有效延伸了产业链，产生了明显的市场经济效益和社会效益。

6. 粮食加工副产物作为功能性食品配料利用技术与模式

针对粮食加工副产物食品化利用率低、模式单一、效益差等问题，研究功能性淀粉糖与高生物安全性米蛋白联产的、半固态酶解-乳酸菌发酵生产食品配料的、物理-生物改性生产高纤速溶粉的碎米和米糠利用技术，突破稻米成分间的结合形态与分拆重组利用机理等关键技术问题，构建副产物绿色多元化利用新模式。开展对小麦皮层、胚芽、麦麸次粉等的增值转化关键技术集成创新研究，集成创新出小麦加工副产物的物性修饰、生物转化、微胶囊包埋、挤压膨化、超临界萃取、分子蒸馏、功能化重组等关键技术，实现粮食副产物中维生素、低聚糖、甾醇、谷维素、异黄酮等活性物质的提取纯化、改性等目的，开发具有营养功能特性的膳食纤维、淀粉、蛋白质、脂质等系列产品，提高粮油副产品的综合利用率。

第三节　重大发展趋势研判

未来几年我国粮食产品的需求将继续呈刚性增长，粮食加工业应该坚持安全质量第一，继续倡导"营养健康消费"和"适度加工"，利用好国内外两种资源、两个市场，满足我国粮食市场的需求。

1. 调整完善产业结构

要把节能减排，实行清洁生产作为粮油加工企业发展的永恒主题。继续推进粮食加工企业结构调整、淘汰落后产能，积极调整产品结构，加快对"系列化、多元化、营养健康"粮食产品食品的开发；提高名、优、特、新产品的比重；大力发展米、面主食品工业化生产；扩大专用米、专用粉、专用油的比重；积极发展全麦粉、糙米、杂粮制品；进一步发展有品牌的米、面小包装产品。

2. 做强粮食精深加工转化

大力推进主食品工业化生产，积极发展粮食精深加工转化。增加功能性淀粉糖、功能性蛋白等食品有效供给，促进居民膳食多元化。

3. 开展粮食加工副产物的梯次全利用

重视资源的综合利用，加大稻谷加工中生产出的稻壳、米糠、碎米等，小麦加工中生产出的麦麸、小麦胚芽等，玉米加工中生产出的秸秆、胚、麸皮等粮食加工副产物的高值化综合利用。

4. 保障饲料用粮

顺应饲料用粮需求快速增长趋势，积极发展饲料加工和转化，推动畜禽养殖发展，满足居民对肉蛋奶等的营养需求。

5. 提高粮食加工装备水平

进一步提高我国粮食机械的研发和制造水平，强化粮食加工科技支撑。

第四节 "十四五" 重大科技任务

1. 大宗粮食加工副产物的梯级加工利用技术装备

我国大宗粮食加工副产物资源丰富，但由于缺乏梯级加工利用技术，导致大部分副产物只能作为饲料利用或作为废弃物随意丢弃，严重影响了粮食加工行业的经济效益和行业的可持续发展。建立米糠、麦麸、麦胚、玉米麸等大宗粮食加工副产物资源品质特征与加工特性数据库，研发基于营养功能成分提取制备和整体加工利用的梯级加工利用技术与装备，对保障我国粮食安全，提高农产品资源的利用率，发展循环经济和提高企业效益具有重要意义。

2. 粮油营养功能食品制造关键技术装备

开展全谷物及其营养功能因子的营养健康效应研究，以及全谷物营养健康食品设计加工关键技术，提升传统粮食主食的营养均衡设计、膳食健康干预、设计创制营养功能粮油食品。

3. 粮食产地绿色节能储藏技术与装备研发

针对我国粮食产后损失严重，传统干燥方式环境污染严重，经济效益低下等问题，开展新型绿色节能粮食烘干与储藏工艺研究，设计研发环境友好型联合干燥技术及装备，破解当前我国粮食烘干面临的两难局面。

4. 粮食精准加工智能化技术装备研究

针对粮食产品质量安全、营养健康和节能环保问题依然存在，全产业链食品质量安全保障体系还不健全等问题，开展大米、小麦等粮食作物的原料品质评价，建立基于原料特性的智能化仓储技术、加工技术、产品在线品控和实时溯源技术。建设智能化工厂，提高我国粮食加工厂的控制管理水平，保证产品质量，降低能耗和成本。

参考文献

[1] 杜志雄. 70 年中国粮食发展的成效与经验 [EB/OL]. （2019-11-26）[2020-02-15]. http：//www.rmlt.com.cn/2019/1126/562579.shtml.

［2］　国家统计局. 国家统计局关于 2019 年粮食产量数据的公告［EB/OL］.
　　　（2019－12－06）［2020－03－20］. http：//www. stats. gov. cn/tjsj/zxfb/
　　　201912/t20191206_ 1715827.html.

［3］　国家统计局. 2019 年全国粮食产量再创新高——国家统计局农村司高级
　　　统计师黄秉信解读粮食生产情况［EB/OL］.（2019－12－06）［2020－03－
　　　15］. http：//www. stats. gov. cn/tjsj/sjjd/201912/t20191206_ 1715994.html

第二章 2019 年油料加工业科技创新发展情况

第一节 产业现状与重大需求

1. 油料加工制造需要转型升级

我国油料加工制造在资源利用、高效转化、智能控制、工程优化、清洁生产和技术标准等方面相对落后，特别是在油料加工制造过程中的能耗、水耗、物耗、排放及环境污染等问题尤为突出。深入研究与集成开发油料绿色加工与低碳制造技术，提升产业整体技术水平，推动油料生产方式的根本转变，实现转型升级和可持续发展迫切需要科技创新。

2. 机械装备需要更新换代

我国油料机械装备制造技术创新能力明显不足，国产设备的智能化、规模化和连续化能力相对较低，成套装备长期依赖高价进口和维护，工程装备的设计水平、稳定可靠性及加工设备的质量等与发达国家相比存在较大差距。全面提升我国油料机械装备制造的整体技术水平，实现油料机械装备的更新换代迫切需要提升自主研发能力。

3. 油料油脂应急加工供应保障体系建设

提升应急保障能力。健全应急供应网络，完善成品油料油脂应急加工和供应网点体系，对于承担应急保供任务的加工企业给予必要支持。加强特大城市及重点地区配送中心和网点建设。优化应急储备油料油脂产品结构，建立以成品油和小包装为主的应急保障体系，保留特大城市必备的应急加工产能，明显提高边远地区应急保障水平。加快保供应急救灾主食品及团餐的产业化开发。

第二节 重大科技进展

1. 7D 功能型菜籽油加工技术与装备提档升级

针对原称量系统采用控制器加单边皮带称重辊方式，存在调试过程烦琐，累积误差大，配置成本高等问题，研发出与生产线 PLC 系统有机融合的斗式连续物料称重计量装置。基于微波箱体内物料温度、料辊转速和变频器的实时数据，采用 PID 控制技术，开发出微波调质温度自动控制系统，实现微波输料速度与微波焙烤温度的自动匹配。为提高烛式过滤机的菜籽油得率，针对滤芯的中心滤管存在储油问题，增加了内衬管道，使每批次的清油回收率提高了 15% 以上，提高了精炼效率，过滤机清饼的次数减少了 30%，操作更加高效简便。根据示范线设备的运行情况，进一步修正规范各单元操作设备技术标准，编制完善 7D 功能型菜籽油生产系统操作规程。牵头国家健康油脂科技创新联盟编制并发布了团体标准"高品质菜籽油"和"高品质油菜籽"，进一步规范了 7D 高品质菜籽油的生产制备，也促进了 7D 高品质菜籽油制备技术推广与应用，本年度新建成示范生产线 8 条。

2. 菜籽压榨饼亚临界绿色靶向萃取技术取得重要进展

获得了菜籽饼中油脂亚临界 R134a–丁烷萃取动力学模型与参数。Patricelli 模型可描述菜籽饼中油脂的亚临界 R134a–丁烷二元溶剂萃取过程。与亚临界丁烷单一体系不同的是，在同一温度下，二元体系中洗涤过程的传质系数比扩散过程仅相差一个数量级；在洗涤过程中萃取平衡时所萃出的油脂量占总平衡产量与扩散过程相比的比例差距也较小。低温亚临界流体萃取技术已应用到嘉必优生物技术（武汉）有限公司 ARA 油脂的提取与产品开发中。

3. 创建绿色、高效的脂质乳液"酶反应工厂"

以天然脂肪酸或植物油作为油相，以介孔碳固定化酶同时作为乳化剂和催化剂，只需要搅拌即可制备出稳定的水包油型皮克林乳液。乳液的油水界面可增加底物与酶的接触面积，提高传质效率，展示脂肪酶活性中心，激发其催化活性，形成了由众多液滴反应单元组成，可持续高效运转的"乳液酶反应工厂"。揭示了脂肪酶在皮克林乳液微环境下的"界面激活"催化机制，解决了效率低和有机溶剂污染等油脂酶法修饰的共性难题，为食品级功能脂质的酶法制备提供了新思路。该反应体系创造了反应速度和单位催化剂产量等多项纪录，还具有无溶剂、超高效、酶可回收和多次重复使用，易于规模化放大等优点，可以广泛应用于不同结构和功能的重构脂质绿色制备，为脂质的多元化、高值化利用提供了新途径。

4. 菜籽饼粕生物转化与高值化利用技术取得突破

菜籽饼粕中含有抗营养因子，缺少绿色高效加工方式导致油菜籽饼粕品质参差不齐、利用价值低，制约了油菜产业高质量发展。针对以上问题，中国农业科学院油料作物研究所油料品质化学与营养创新团队建立了高效油料基营养和化学成分分析平台以及高效生物转化平台，选育出了具有自主知识产权且能高效转化菜籽饼粕的优良微生物菌株；基于菜籽饼粕为新型氮源的高效发酵工艺，开发出DHA 和 β-胡萝卜素新型食品添料，产量比传统工业发酵氮源分别提高了 17.1 倍和 5.9 倍；开发出了伊枯草菌素 A，产量相较于目前国内外最高水平提高了 1.3 倍；开发出了动物饲料添加剂菜籽饼粕多肽，实现了菜籽饼粕的多元、高值和有效利用。

该成果获国家授权专利 10 件，制定国家标准 1 项、行业标准 1 项，目前已在湖北、辽宁、黑龙江等多家企业成功应用，取得了显著的社会和经济效益，这将为推进油料加工和油菜产业转型升级提供有力支撑。11 月 13 日，湖北省食品科学技术学会组织专家组对该技术进行成果评价。以陈坚院士为组长的专家组认为，该成果通过原料品质分析、微生物特性及功能产物挖掘、节能低耗酵工艺开发和产品创制，开发出食品添加剂、动物饲料添加剂和植物用生物菌剂三大类产品，实现了菜籽饼粕的多元化和高值化利用，整体技术居国际先进水平。

5. 行业推行食用油精准适度加工模式

2019 年 11 月 30 日，由江南大学和丰益（上海）生物技术研发中心有限公司共同完成的"食用油精准适度加工模式构建及产业化应用"项目通过中国粮油学会组织的专家评审。新模式提出了大宗油料适度加工、风味油脂柔性加工和特种油料个性加工的技术体系；与传统工艺相比，精准适度加工工艺精炼得率提高，油中维生素 E、植物甾醇等营养成分保留率显著提高，反式脂肪酸大幅下降，更符合现代人对食用油健康的追求。同时，辅料、蒸汽用量和排放减少，节能减排效果显著，实现了植物油加工业"十三五"规划中绿色发展目标，多家工厂被工信部批准为绿色工厂。

精准适度加工既是一种新加工模式，也是一套个性化的设计方案和技术路线；既是生产"好油"的重要途径，也是食用油产业转方式、调结构、促发展的重要途径。其部分成果已被纳入行业规划、国家标准、行动计划等食品营养政策，得益于新模式的示范和推广应用，我国长期存在的食用油过度加工态势逐步扭转，技术与产品升级换代成效初步显现。

6. 油料油脂标准制修订工作支撑产业发展

2019 年 4 月 11 日，全国粮油标准化技术委员会公布了《芝麻》《油用杏仁》等 27 项国家/行业油料油脂标准的征求意见稿，包括首次制定行业标准的《高油酸花生油》《中长链脂肪酸食用油》。11月28日，全国粮油标准化技术委员会审定了《动植物油脂透明度的测定》等油料、油脂、饼粕、深加工产品和检测方法等25项国家（行业）标准。新标准的制定将对行业发展起到引领作用，有利于规范市场，保护行业的整体利益，同时为产业与国际接轨提供技术支持，对产业的升级换代和进步具有积极意义。

7. 行业诞生首批品油师

2019年7月3—7日，中国第一届国际品油师认证培训班由意大利博洛尼亚大学和中国油橄榄产业创新战略联盟在四川绵阳举办。目前我国植物油感官评价基本处于起步阶段，品油师的诞生有利于推动我国植物油感官评价标准工作发展，建立属于我国高品质植物油感官风味标准体系，向健康、有序、规范、专业化方向发展，也印证了我国食用油消费趋势向"吃得好"方向迈进。

第三节 重大发展趋势研判

1. 智能互联机械装备支撑产业转型升级

数字化、信息化和智能化油料装备助推全球油料产业快速转型升级。智能控制、自动检测、传感器与机器人及智能互联等新技术大幅度提高油料油脂装备的智能化水平。规模化、自动化、成套化和智能化的油料装备先进制造能力成为实现油料油脂类食品产业现代化的重要保障。

2. 油料加工业科技创新工程

加快推进油料油脂营养成分保持与营养健康新产品精准创制、成品油料油脂加工技术与品质评价及系统识别标准、高效低耗节能加工智能装备、生物基及降解材料深度开发、精准营养脂质等研发及产业化示范，在营养优化、智能加工、全程控制等技术领域实现重大突破。

3. 国内外新型技术的引进与结合

瞄准国际前沿和未来发展，系统分析和准确把握全球食品科技的发展新态势，积极探索具有战略性、前瞻性和未来性的食品科技，抢占食品科技制高点，形成创新人才高地。

高度关注未来油料制造已从"传统机械化加工和规模化生产"向"工业4.0"与"大数据时代"下的"智能互联制造"、从"传统热加工"向"高效热加工"、从"传统多次过度加工"向"适度最少加工"、从"依赖自然资源开发"

向"人工合成生物转化"等方向发展。重点开展"云技术、大数据和互联网+""非热加工""生物转化、高效制取和分子修饰"等新型加工理论与技术的开发研究;积极开展"合成生物、分子脂质"等概念食品制造理论与技术的探索研究。

第四节 "十四五"重大科技任务

1. 构建绿色加工体系

以绿色产品、绿色工厂、绿色园区为重点,建立绿色油料产业供应链,从节能减排行动中寻找新的经济增长点。支持企业节原料技术改造升级,完善成品油料油脂加工技术标准和规程,研究产品能耗限额标准。建立油料加工业节能、节水等技术标准体系,加大推进实施原料减损、节能减排行动的力度,加强节能环保低碳等新技术新设备的推广应用,确保废弃物排放和节能降耗达到国家相关标准。

2. 加工装备制造业智能化提升

以专业化、大型化、成套化、智能化、绿色环保、安全卫生为导向,加强油料油脂加工装备技术研发,发展高效营养型食用植物油、功能脂质等加工装备,提高关键设备的可靠性、使用寿命和智能化水平,支持建立高水平的油料加工装备制造基地,引领技术更新和产业升级,积极开展油料加工技术及装备研究开发,提升加工装备技术水平,提高油料加工生产效率,提升加工产品品质。推进粮油加工自动化、智能化、高效化,促进粮油加工产业转型升级。

3. 油料适度加工技术研究开发

研究油料深加工的共性技术,创新研发与集成符合精准适度加工的新技术、新工艺。开展油料加工的食用品质与营养品质评价及优化,研究适度加工在线控制指标、方法体系及关键测控仪器。开展食用植物油适度加工指标、评价体系及技术的研究。

4. 油料加工副产物高效利用技术研发

开展油料深加工的共性技术、油料及加工副产物的食品化利用技术研发,拓展油料深加工技术领域,推动油料加工副产物循环、高值、梯次利用技术研发,突出油料加工副产物全效利用,延伸油料产业链、价值链,实现油料的全效增值。

第三章 2019年果品加工业科技创新发展情况

第一节 产业现状与重大需求

一、我国果品加工产业科技发展迅速，支撑能力明显增强

1. 果品加工产业自主创新能力明显增强

"十三五"期间，我国对果品加工科技研发的支持力度明显增强，取得了一批重大科技成果，制定了一批新标准，建设了一批创新基地，培育了一批优秀人才，组建了一批产业技术创新联盟，果品加工科技创新能力不断增强，果品加工装备行业整体技术水平显著提高，食品安全保障能力稳步提升，有力支撑了果品加工产业持续健康发展。2019年我国果品种植面积1 187.48公顷，果品年产量2.57万吨，比上年分别增长1.73%和6.2%。果品产业结构不断优化，效益持续增长，投资规模进一步扩大。

2. 果品加工产业科技水平大幅提升

通过建设一批国家工程技术研究中心、产业技术创新战略联盟、企业博士后工作站和研发中心等，形成了一支高水平的创新队伍，显著增强了果品加工产业的科技创新能力。在柑橘、苹果、南方特色水果、特色浆果等果品的绿色制造技术装备上取得了重大突破；解决了一批果品生物工程领域的前沿关键技术问题，开发了具有自主知识产权的高效发酵剂与益生菌等；方便营养的休闲果品等一批关系国计民生、量大面广的大宗果品的产业化开发，大幅度提高了果品的加工转化率和附加值。"十三五"期间，江南大学陈卫教授牵头完成的"耐胁迫植物乳杆菌定向选育及发酵关键技术"成果荣获2018年度国家技术发明奖二等奖。湖南省农业科学院单杨研究员牵头完成的"柑橘绿色加工与高值利用产业关键技术"获得2019年度国家科学技术进步奖二等奖。

二、果品产业转型升级任务艰巨，创新驱动需求迫切

面对全球食品科技的迅猛发展和世界性的食品产业转型升级，科技创新驱动产业升级和可持续成为迫切任务。当前，我国食品科技研发投入强度不足，与世界第一食品制造大国的地位尚不匹配。食品科学基础性研究相对薄弱，产业核心技术与装备尚处于"跟跑"和"并跑"阶段。面对食品产业供给侧结构性改革的新需求，企业自主研发和创新能力明显不足，产品低值化和同质化问题严重，国际竞争力仍然较弱。

1. 冷链物流品质保障迫切需要技术支撑

我国果品冷链物流产业环节多，物流过程产品品质劣变和腐败损耗严重，物流能耗偏高，标准化和可溯化程度低等问题突出。特别是面对"互联网+"等新业态下的技术研发滞后，智能控制技术与装备不完善，物流成本大幅度提高等问题，全面推进果品物流产业向绿色低碳、安全高效、标准化、智能化和可溯化方向发展迫切需要新技术支撑。

2. 加工制造转型升级迫切需要科技创新

我国果品加工制造在资源利用、高效转化、智能控制、工程优化、清洁生产和技术标准等方面相对落后，特别是在果品加工制造过程中的能耗、水耗、物耗、排放及环境污染等方面问题尤为突出。深入研究与集成开发绿色加工与低碳制造技术，提升产业整体技术水平，推动果品生产方式的根本转变，实现转型升级和可持续发展迫切需要科技创新。

3. 机械装备更新换代迫切需要自主研发

我国果品加工机械装备制造技术创新能力明显不足，国产设备的智能化、规模化和连续化能力相对较低，成套装备长期依赖高价进口以及高昂的设备维护支出，食品工程装备的设计水平、稳定可靠性及加工设备的质量等与发达国家相比存在较大差距。全面提升我国果品加工机械装备制造的整体技术水平，打破国外的技术垄断，实现果品加工机械装备的更新换代迫切需要提升自主研发能力。

4. 质量安全综合监控迫切需要技术保障

食品安全是关乎国计民生和国际声誉的热点问题。我国在食品原料生产和加工与物流的过程管控、市场监控、质量安全检测与品质识别鉴伪以及产品技术标准等方面尚存在明显不足，食品安全风险评估与预警以及食品"从农田到餐桌"全产业链监控与溯源等工作刚刚起步，进一步增强食品质量安全的全产业链综合

监控能力迫切需要新技术保障。

5. 营养健康全面改善迫切需要科技引领

我国在公众营养健康上面临着营养过剩和营养缺乏双重问题，特别是体重超标与肥胖症、糖尿病、高血压、高血脂等代谢综合征类问题突显。积极推进公众营养健康的全面改善，不断增强健康食品精准制造技术水平与开发能力，在营养均衡靶向设计与健康干预定向调控以及功能保健型营养健康食品与特殊膳食食品开发等方面迫切需要科技引领。

第二节　重大科技进展

1. 柑橘绿色保鲜与分选技术创新和应用

该项目针对我国柑橘采后生产薄弱的现状，系统研究了柑橘采后品质保持的生物学基础及调控机制，形成了柑橘采后外观品质提升和内在品质保持的系列技术措施，自主研发了精度高、速度快的柑橘分选装备，并将研发的采后预分选、热处理等技术与分选生产线有机整合，实现了柑橘高端采后分选装备的国产化。项目成果在12个柑橘主产省区广泛应用，柑橘采后腐烂损耗率下降10个百分点以上，示范企业实现损耗控制在3%以内；果实保鲜期延长2~4个月，产品出口到30多个国家和地区，达到欧盟等发达国家的生产标准。研制的柑橘分选装备近5年国内同期市场占有率近80%，成套装备和技术已出口到以色列等11个柑橘生产大国，整体水平处于国际先进行列。项目实施期间发表研究论文50篇，出版教材2部；获授权专利50项，制定相关技术规程5项；统计的15家技术应用单位近三年新增销售额336.82亿元，新增利润80.25亿元，取得了显著的经济、社会和生态效益。项目部分成果获湖北省科学技术进步奖一等奖和江西省科学技术进步奖二等奖各1项。

2. 北方果蔬采后商品化处理技术与配套设备研发及产业化

该项目发现果实芳香物质、糖酸代谢关键基因的靶向调控路径和重要病原菌致病和产毒的关键基因及操控策略，在阐明1-MCP调控苹果酸代谢、外源信号物质操控抗氧化途径关键基因来控制果实衰老和病原菌致病的基础上，创制了苹果1-MCP+"三期"精准控温贮藏保鲜技术新模式；研发了高效信号分子控制果蔬衰老、裂果等品质劣变及靶向操控致病基因防病的新技术；创建了鲜切蔬菜质量安全多重PCR快速检测方法和20种不同温敏蔬菜快速预冷、保温贮运、包装材料等技术规程；研制出智能化、低损伤、高性价比的果蔬采后全产业链商品化处理系列配套设备。项目创新了关键技术的精准调控和碎片技术的集成应用，建立了技术与设备配套的产业化示范应用，实现了苹果、甜樱桃、大宗和鲜切蔬菜采后全产业链品质质量的精准控制。获国家授权发明专利、实用新型专利等 22 项，省部级科学技术奖和行业奖 7 项，制定行业和地方标准 8 项。发表论文 259 篇（SCI 期刊 62 篇），出版中、英文专著 20 部。成果在我国北方果蔬产区应用，腐损率降低 10%~30%，保鲜期和货架期延长 1~2 倍，售价提高 1~3 倍，累计经济效益 436.59 亿元。

3. 柑橘绿色加工与高值利用产业关键技术

该项目针对我国柑橘加工存在传统工艺耗水量大且产生大量碱废水，副产物综合利用率低、高值化产品少，加工原料供应期短导致企业不能周年生产等瓶颈问题，在国家和部省项目支持下，经过 13 年联合攻关，突破产降解橘皮与囊衣专用酶的优良菌株发掘，罐头等产品清洁生产与节水，副产物高值化、全利用以及加工原料绿色贮（冻）藏等关键技术，创制配套装备和系列新产品，形成覆盖全产业的技术创新链，实现了技术、装备和产品创新并产业化。

项目获湖南省技术发明一等奖、湖南省科技进步一等奖和中国罐头工业创新大奖各 1 项；出版专著 3 部（Elsevier 英文 2 部），发表论文 73 篇（SCI 收录 33 篇），制订出口欧美日食品标准并获技术认证 7 项，获授权发明专利 21 件。经中国轻工业联合会鉴定：总体技术达到国际领先水平。成果在湖南、山东、四川、广东、浙江等省应用，重点应用企业被国家工信部认定为"国家绿色工厂"。项目取得显著的经济、社会和生态效益。

4. 特色浆果加工关键技术及产业化

特色浆果富含花色苷、黄酮、酚酸、萜类等多种生物活性成分，具有显著的抗氧化、提高免疫力、缓解视力疲劳等多种生理功能。团队多年来以蓝莓、树莓、黑果腺肋花楸、蓝靛果等为研究对象，建立了特色浆果深加工及综合利用技术体系、提升生物活性物质功能性评价方法，构建并推广了"量质提升、高值增效"的关键技术集成，有力地促进了我国特色浆果产业转型升级，显著提高了我国特色浆果加工产品的国际竞争力。特色浆果中以蓝莓为代表的第三代黄金水果，因其独特的风味、丰富的营养以及多样的功能特性而备受人们的喜爱，被世界粮农组织推荐为五大健康食品之一。项目介绍了本团队在不同浆果品种贮藏加工特性、贮藏保鲜和加工技术以及浆果中最重要的活性物质花色苷、SOD、多酚的分离纯化及抗氧化、缓解视力疲劳、增强记忆力、抗衰老、辅助降血脂、抗癌活性、保护脏器损伤等方面取得的进展，并完善优化了浆果系列产品的加工条件，系统开展加工中活性物质稳定性研究，最大限度地保留了浆果制品的营养物质，研发了系列浆果保健食品。

5. 南方特色水果绿色加工核心技术与装备

本项目以我国南方地区主产的荔枝、柚子、木瓜等特色水果为主要研究对象，针对其外形独特难以综合加工、热敏难以采用传统热加工、高值化综合利用率低等问题，就果实高效机械化分解、果汁浓缩灭菌加工、组分生物转化与高值化利用等加工流程中的关键技术问题，以物理强化为核心技术手段，探明高强（>10 千伏/厘米）、中强（1～10 千伏/厘米）和较弱场强（<1 千伏/厘米）脉冲电场及超声波、高压为射流等物理场对果实结构、组分及微生物的影响机制，以多学科交叉基础理论研究带动工艺研究和成套装备研发，并在龙头企业产业化，集成化程度高，理论和技术创新程度高；水果分解系统通过欧盟认证，脉冲电场低温灭菌器列为国家重点新产品，获批保健食品 2 项，5 项成果通过鉴定，已在 30 多个国家超过 200 家企业推广应用，推动了水果加工产业的显著进步。

第三节　重大发展趋势研判

全球果品加工产业已发生深刻变化，技术装备更新换代更为频繁，加工制造智能低碳趋势更加多元，产品市场日新月异更趋丰富，科技创新驱动全球果品加工产业向全营养、高科技和智能化方向快速发展。

1. 智能高效全程冷链实现物流保质减损

高效节能制冷新技术、绿色防腐保鲜新方法、环境友好包装新材料、智能化信息处理与实时监控技术装备开发受到全球性的高度关注。构建"产地分级预冷-机械冷库贮藏-冷藏车配送-批发站冷库转存-商场冷柜销售-家庭冰箱保存"的全程冷链物流体系，保障果品"从农田到餐桌"全程处于适宜环境条件，实现果品物流保质减损成为全球物流产业的共识。

2. 绿色加工低碳制造保障产业持续发展

面对资源、能源及环境约束日益严峻的形势，传统的果品加工生产方式正经历深刻的变化。高效分级、物性修饰、超微粉碎、非热加工、节能干燥、发酵工程、酶工程、细胞工程、基因编辑等现代食品绿色加工与低碳制造技术的创新发展，已成为跨国食品企业参与全球化市场扩张的核心竞争力和实现可持续发展的不竭驱动力。

3. 智能互联机械装备支撑产业转型升级

数字化、信息化和智能化食品装备助推全球食品产业快速转型升级。智能控制、自动检测、传感器与机器人及智能互联等新技术大幅度提高食品装备的智能化水平。基于柔性制造、激光切割和数控加工等先进制造技术全面提升了食品装备的制造精度。规模化、自动化、成套化和智能化的食品装备先进制造能力成为实现食品产业现代化的重要保障。

4. 品质监控全程追溯保障食品质量安全

食品危害物形成规律与控制机制研究，食品加工制造与物流配送全过程质量安全控制技术开发成为国际食品安全科技领域的研发热点。食品品质变化新型评价和货架期预测，快速精确和标准化的食品质量安全检测，食源性致病微生物高通量精准鉴别与监控，简捷高效的溯源技术及全产业链食品质量安全追溯体系构建等成为保障食品安全的关键。

5. 营养组学技术推进健康食品精准制造

食品营养学研究从传统的表观营养向基于系统生物学的分子营养学方向转变。以宏基因组学（人和肠道微生物 DNA 水平）、转录组学（RNA 水平）、蛋白组学（蛋白质表达与修饰调控）和营养代谢组学技术为基础的分子营养组学技术及其应用研究成为国际食品营养学领域的新热点，为实现果品营养靶向设计，健康果品精准制造提出了新思路和新途径。

第四节 "十四五" 重大科技任务

一、果品采后保鲜与冷链物流

1. 果品冷链物流过程中品质劣变控制理论研究

开展基于温度、湿度、气体等微环境下品质劣变控制综合技术研究，开发物理、化学和生物等辅助新技术，建立不同种类和产品的适宜技术参数。构建基于物流微环境条件、时间和忍耐性等货架期品质变化预测模型，确立冷链物流过程品质劣变控制的有效途径。

2. 果品冷链物流工艺与核心技术装备开发研究

研究产后商品化处理、新型预冷与冷链物流工艺技术，开展针对不同产品的适宜温度、湿度等物流微环境参数筛选，研发新型包装技术与材料，创新设计多环节冷链物流减损降耗新包装，开展物流微环境及产品质量安全信息的实时监控、预测预警及产品溯源等技术研究。研发与果品冷链物流技术与工艺相配套的新型装备。

3. "互联网+"电商新型果品物流技术集成示范

推进信息技术、移动互联网、大数据、物联网等与食品冷链物流产业的紧密结合，重点建立电子商务、物流车联网、互联网物流园区和全供应链互联网物流支撑系统，助推食品直销、预售等产业新模式和新业态，构建基于"互联网+"的社会化、协同化食品物流2.0体系。

二、果品加工制造与装备

1. 果品加工制造过程中的物性学基础研究

开展果品加工制造过程中组分结构变化及品质调控机制研究，确定果品生物大分子与功能性小分子的结构特性，揭示加工过程中物性修饰机制与保质减损机理。探索风味特征与品质评价理论及加工过程中风味形成与变化规律，阐明风味与感官品质稳定性控制方法。

2. 果品加工制造共性关键技术研究及集成

重点突破高效分离、靶向萃取、分子修饰、质构重组、超微粉碎、组合干燥、新型杀菌、快速钝酶、低温浓缩、节能速冻、绿色制造和综合利用等现代食品制造共性关键技术，提升大宗和特色果品等标准化、连续化及工程化技术水平，创制方便美味、营养安全的新型健康食品。

3. 果品加工制造重大装备研究与开发

开展智能控制、节能加工、成形改性、快速检测、非热加工、新型杀菌、高效分离、生物制造和自动包装等先进制造共性关键技术装备研发。开发果品生产网络化自动管理系统，创制低温快速压榨、高效节能干燥、连续蒸煮烤制、无损检测分选、无菌高速灌装等系列核心设备。

三、果品质量安全控制

1. 果品质量安全基础性研究

开展果品加工制造过程中主要组分在不同加工条件下的互作机理、品质形成、保持与劣变机理研究。研究危害因子形成机理及阻断与定向调控分子机制，以及外源危害物在加工过程中消长规律和脱除机制。研究果品加工环境等风险变化因素与变化规律。

2. 食品质量安全共性关键技术研究

开展果品加工储运过程中危害因子控制、品质保持与劣变控制技术，开展果品真伪高判别度系统化识别、品质新型评价和鉴别、质量安全快速无损检测、绿色高效精准检测与筛查技术及进出口果品通关相关技术研究。研发智能化溯源与预警技术、快速无损检测设备、全产业链质量安全信息集成与数据挖掘及多重风险分析与暴露评估技术。

3. 食品质量安全干预与综合技术保障科技工程

开展基础科学保障、生产源头控制、加工过程控制、产品配送控制、质量标准控制、市场监管保障 6 个关键环节的共性技术开发研究。构建国家食品质量安全溯源云平台，构建食源性生物因素全基因组溯源国家数据库和溯源网络，构建果品全产业链检测信息与质量标准集成及大数据分析溯源预警系统。开展加工过程风险控制技术集成示范和进出口果品快速通关与输入性风险防范技术应用示范。

四、果品营养与健康

1. 基于肠道微生物宏基因组学与人类营养代谢组学研究

系统开展人类肠道微生物宏基因组学与人类分子营养代谢组学的理论研究；探索果品营养成分、功能因子对健康靶向影响，阐明果品成分、功能因子的协同作用及营养代谢与健康效应。从分子水平揭示功能因子和营养素的协同作用，为实现营养靶向设计奠定理论基础。

2. 营养强化果品创制关键技术与健康食品创制

基于不同人群肠道微生物宏基因组学与营养代谢组学研究新发现，开展新果品原料功能因子高通量筛选与绿色制备、果品功能因子稳态化及靶向递送技术研究。开展膳食营养与健康大数据分析及营养功能评价等关键技术研究，开发适用不同人群营养保健性健康食品，支撑健康产业发展。

第四章 2019 年蔬菜加工业科技创新发展情况

第一节 产业现状与重大需求

我国是世界蔬菜生产和消费的第一大国，蔬菜资源丰富，是我国种植业中仅次于粮食的第二大作物。据国家统计局数据显示，2018 年以来，我国蔬菜单位面积产量超过 34.42 吨/公顷，播种面积超过 2.04 万公顷，蔬菜年产量稳定超过 7 亿吨，人均蔬菜占有量超 500 千克，且有小幅上升的趋势。白菜、马铃薯、大葱、番茄、芹菜、菜豆、地瓜、辣椒、胡萝卜、大蒜是我国产量较高的蔬菜。蔬菜的丰产激发了我国蔬菜交易市场的巨大潜力，据国家统计局数据显示，2018 年，我国蔬菜类摊位数达 318 809 个，244 个蔬菜批发和零售市场成交额超过 7 420 亿元，其中批发市场 6 767.58 亿元，零售市场 652.59 亿元。

近年来，随着蔬菜种植结构的调整和产业化经营的优化，全国蔬菜种植快速发展，伴随着交通运输渠道的逐步完善，我国蔬菜区域种植特点愈发明显，淡季供不应求的情况被新鲜蔬菜的全年供应取代。华南冬春蔬菜、云贵高原夏秋蔬菜、长江上中游冬春蔬菜、黄土高原夏秋蔬菜、黄淮海与环渤海设施蔬菜、东南沿海出口蔬菜、西北内陆出口蔬菜以及东北沿边出口蔬菜八大蔬菜重点生产区域的生产布局基本形成。各区域蔬菜优势品种不同、上市档期交替，形成互补的区域发展格局。

蔬菜属于季节性、区域性很强的不耐贮藏农产品。据不完全统计，我国每年至少有 8 000 万吨蔬菜由于得不到及时、有效贮藏加工而腐烂损耗，造成巨大经济损失。将新鲜蔬菜进行适当加工，延长蔬菜贮藏期，便于保存运输，有利于合理利用及分配蔬菜资源，降低蔬菜损失率，改善蔬菜区域市场供需格局，提高产品附加值，提高农民经济收益，是延长蔬菜产业价值链的重要途径。

据海关总署统计数据显示，2019 年 1—12 月，我国食用蔬菜类出口总额 103.26 亿美元，同期进口总额 15.66 亿美元。蔬菜出口总量 979 万吨，其中鲜或冷藏蔬菜 651 万吨、干的食用菌类 13.96 万吨、果蔬汁 45 万吨、辣椒干 7.35 万吨、番茄酱 96 万吨、蘑菇罐头 25.44 万吨。鲜或冷藏蔬菜依旧占据我国蔬菜产品出口的第一位。

从出口蔬菜品种来看，大蒜是我国蔬菜第一大出口优势品种，出口集中度较高，主要出口印度尼西亚、美国和越南，近年来出口额分别为 5 亿美元、4.38 亿美元和 2.89 亿美元。同时，出口优势品种还包括蘑菇、番茄、木耳、辣椒、洋葱、生姜等。叶菜类的菠菜、大白菜、甘蓝、小油菜、生菜、芹菜、大葱和韭菜，果菜类的冬瓜、黄瓜、南瓜、茄子、青椒、西葫芦等亦是蔬菜出口的主要品种。

从出口蔬菜产品结构来看，耐储藏和运输的鲜冷及初级加工蔬菜仍是重要出口品类。根据国家统计局数据，2018 年，我国鲜或冷藏蔬菜出口重量虽然占到蔬菜出口总重量的近 2/3，但是其创造的价值仅为总出口额的 36.76%。参考 2017 年以来的出口额品类分布情况，冷冻蔬菜占 40.95%，加工保藏蔬菜占 29.2%，干蔬菜占 28.9%，蔬菜种子占 0.99%。经加工的高附加值蔬菜产品的出口数量虽然不及总量的 1/3，却贡献了将近 60% 的蔬菜出口总价值。蔬菜的精深加工为蔬菜的出口增值插上腾飞的翅膀，大力发展蔬菜精深加工业，通过科技创新进一步增加蔬菜加工产品的附加值，是深化农业产业结构改革、助力农业产业升级的必经之路。

同期进口方面，蔬菜种子和加工保藏蔬菜则是我国蔬菜重要的进口品类，主要作为国内蔬菜品类的调剂：蔬菜种子占 43.43%，加工保藏蔬菜占 39.6%，干蔬菜占 8.94%，鲜冷冻蔬菜占 8.03%。

据国家统计局与农业农村部数据，截至 2018 年底，我国蔬菜加工全行业收入总额约为 7 500 亿元，行业总利润较上年增加 3.9%，行业毛利率大于 14%，产品销售利润率高于 10%。我国规模以上蔬菜加工企业达到 2 300 余家，规模以上企业销售收入将近 4 100 亿元，在全行业收入中的占比为 53%。其中，全国有 112 家蔬菜加工企业为国家级农产品（果蔬）加工业出口示范企业，这些企业在我国蔬菜加工行业中的龙头作用日趋明显，起到了创新技术、示范带动、规范市场的作用。在这些龙头企业的带领下，我国蔬菜加工产业规模持续扩大，经济效益不断增高，2019 年 12 月，我国蔬菜（包括菌类）加工业生产者出厂指数比去年同期增长 3.0%。但是，中小企业才是我国蔬菜加工行业的主体，他们数量众多、规模有限、市场集中度低、技术和装备落后、现代化水平不高。通过蔬菜加工科技创新,进一步挖掘大型企业的潜能,充分开发和释放中小企业的产能,是摆在我国面前的由蔬菜生产大国向蔬菜加工强国跨越的重要任务。

2017年以来,我国蔬菜加工行业发展势头良好。一方面,各级各地以推进农业供给侧结构性改革为主线,全面部署农村工作,在种植业供给侧结构性改革过程中,减少了玉米、水稻等大宗粮食作物的种植面积,调减出来的土地许多地区选择了扩种蔬菜:如河北省2018年蔬菜种植面积为1 292.18万亩,比上年增长5.1%。蔬菜的种植面积和产量呈上升态势,单产水平有所提高,加上我国蔬菜种植结构也逐渐由数量型向效益型转变,人民的菜篮子也不断得到充实,蔬菜加工业的生产原料得到保障。另一方面,2018年1月,国务院发布《关于实施乡村振兴战略的意见》中指出,实施农产品加工业提升行动,鼓励企业兼并重组,淘汰落后产能,支持主产区农产品就地加工转化增值。随着意见的实施,蔬菜加工业的生产资源得到合理的配置和升级。

在我国蔬菜产业的成长过程中,科技创新是助力地方蔬菜生产壮基地、扩规模、提档次,推进区域化、标准化、设施化和产业化建设,推动蔬菜产业绿色优质高效发展的中坚力量。近年来我国蔬菜产业发展主要呈现以下特点。

(1)产业化水平越来越高。部分地区已实现蔬菜产、加、销一体化经营,具有加工品种专用化、原料基地化、质量体系标准化、生产管理科学化、加工技术先进化以及企业规模化、网络化、信息化经营等特点,助力蔬菜加工行业整体扩大。

(2)加工技术与装备现代化。近年来,生物技术、膜分离技术、高温瞬时杀菌技术、真空浓缩技术、微胶囊技术、微波技术、真空冷冻干燥技术、无菌包装技术、超高压技术、超微粉碎技术等相关技术与装备在蔬菜加工领域应用日趋广泛。这些技术与装备的采用,使我国蔬菜加工产业增值能力显著提高。

(3)精深加工产品多样化。各类蔬菜加工产品日益繁荣,产品质量稳定,产量节节攀升,市场覆盖面不断扩大。产品已不仅仅局限于传统的腌制、干制、糖制、罐制类,鲜切、NFC果蔬汁、休闲零食类等新型蔬菜深加工产品方兴未艾。产品在质量、档次、品种、功能、包装等方面也可满足不同消费群体、不同消费层次的需求,扩展了我国蔬菜精深加工的空间。

(4)蔬菜资源利用合理化。蔬菜的综合利用和绿色加工技术成为加工业新热点,部分蔬菜的皮、根、茎、叶、花、种子等下脚料经深度加工亦可被转化成高附加值产品。

（5）标准体系和质量控制体系越来越完善。越来越多的蔬菜加工企业重视产品标准体系和质量控制体系的建设，普遍通过 ISO-9000 的管理体系认证，采用 GMP 进行厂房、车间设计，加工过程实施 HACCP，使产品的安全、卫生和质量得到严格把关。

基于我国蔬菜产业现状和发展特点，结合国际蔬菜产业发展方向，现阶段我国蔬菜产业发展需求有如下几点。

（1）大力发展优质蔬菜品种的选育和育种工作。蔬菜种子的进口长期占据我国蔬菜进口贸易总额的半壁江山（大于 40%），优质的蔬菜种子可为我国蔬菜行业产量的稳定、品种的丰富、品质的提高奠定良好的基础。虽然目前我国蔬菜种植的设施栽培技术等方面迅猛发展，蔬菜产量不断扩大，但我国蔬菜加工业仍存在部分品种蔬菜加工适应性低导致的加工产品附加值低、中低档产品多等问题。大力发展优质蔬菜品种的选育和育种工作，不仅能够满足不同地区、不同季节、不同层次的消费需求，更能实现加工适应性高的蔬菜品种的可持续发展，为提高蔬菜资源利用率，增加农民收入，优化蔬菜加工产业结构提供发展机遇。

（2）打通冷链供应链建设，打造专业冷链物流。目前，蔬菜类产品在流通环节中的损失率高达 25%，冷链物流发展滞后的局面正在制约蔬菜产业的升级，卖不了、运不出、储不行、成本高、亏损大等问题，严重影响农民增收、贫困户脱贫。目前我国冷链物流百强企业以运输型和综合性为主，分别占比 43% 和 26%，而能为蔬菜提供预冷和加工处理的仓储型和供应链型企业较少，蔬菜产品采收后预冷和商品化处理较少，导致冷链在源头的"断链"，加大了产品损耗成本。加上当前我国蔬菜产品供应链模式主要以批发市场为核心，流通环节层级较多，导致蔬菜产品在流入、流出批发市场时经常出现常温运输、拆零散卖的现象，冷链"断链"现象严重，蔬菜流通品质大打折扣。打通冷链供应链建设，打造专业冷链物流，特别是提高蔬菜产品预冷和商业化处理能力，有助于完善我国蔬菜冷链结构，打破我国冷链物流目前的区域性限制，提高行业集中度，提升整体管理水平，创造规模效益，提高农民在供应链后端的议价能力。

（3）推进蔬菜绿色高新精深加工技术研发与应用。在中央一系列强农、惠农、富农政策的支持下，在加快农业产业结构调整和转型升级步伐的推动下，我国蔬菜加工业取得了长足发展，蔬菜加工制品日趋丰富，工艺日渐成熟。虽然我国蔬菜加工产业链不断延伸拓展，产品结构向多元化、功能化方向发展，精深加工产品比例小有上升，但是精深加工产品比例仍然偏低，加工工艺和配套设备能耗高、用水多的问题也日益突出。目前，大量中小企业自动化程度低、自主创新能力弱；部分大型企业自主知识产权核心技术缺乏，一些关键技术设备长期依赖进口，已成为我国蔬菜加工产业进一步发展的掣肘。推进蔬菜绿色高新精深加工技术研发和应用，促进加工技术和方式的转型升级，推进绿色制造，引导企业建设绿色工厂，加快利用节能环保技术装备，提高资源综合利用水平，或将推动我国蔬菜加工行业由增产导向转向提质导向，推进农业绿色化、特色化、品牌化，进一步提高行业经济效益。

（4）加快传承创新中式传统蔬菜加工技术。以涪陵榨菜、四川泡菜、东北酸菜、绍兴梅干菜等为代表的我国传统特色蔬菜加工品，是我国民族文化的重要组成部分，深受广大消费者的欢迎。目前，中式传统加工蔬菜逐渐变成了餐桌上变口味、增食欲、消油腻的佳肴，消费者亦呼唤高质量、多样化的中式传统蔬菜加工产品。然而目前我国传统蔬菜加工食品技术水平较低，以家庭作坊、小店铺核销共产为主流，80%的传统食品采用作坊式、家庭式手工加工，产品质量安全与营养健康状况越来越受到人们关注，部分片面报道也对本来规模不大的产业造成了不良的影响。加快传承创新中式传统蔬菜加工技术，传承传统食品的风味品质，创新传统食品的加工技术，是实现传统蔬菜加工产品清洁化、现代化、标准化、规模化生产的需要，是解决传统蔬菜加工食品质量安全问题的需要，是实现传统蔬菜加工产品现代化改造与产业发展提升的必然方向。

第二节　重大科技进展

1. 果蔬高压非热加工技术及应用

该技术先后获中国产学研合作创新成果一等奖1项、长城食品安全科学技术奖特等奖1项、中国专利优秀奖1项；拥有国家发明专利22件、国际PCT专利1件，正在申请受理专利10件。针对果蔬功能和营养组分高效利用率低、热加工易导致果蔬品质劣变的产业关键共性问题，发明了高压靶向激酶、高压绿色提取和高压协同杀菌三大技术，实现了SOD功能酶定向利用、花色苷绿色提取和NFC果蔬汁高效杀菌等关键技术的重要创新。该技术耗能仅为传统热加工的15%~20%，生产的口服液SOD酶活性提升4倍以上，花色苷提取时间缩短10%以上，NFC果蔬汁货架期延长1倍以上。该技术可广泛应用于果蔬加工，适用于果蔬酶制剂、天然色素制品、NFC果蔬汁及功能食品等产品的研制开发，推动实现果蔬加工业的高质量发展，亦可用于其他农产品加工。技术研发与实施期间，累计新建生产线 21 条，新增销售额 27.48 亿元，其中 2019 年企业增效 1.04 亿元。

2. 珍稀食用菌精深加工关键技术创新与应用

该技术拥有授权国家发明专利 31 件，制定企业标准 8 项，开发出五大类 28 个食用菌营养健康专利新产品。针对珍稀食用菌原料品质差异性高、功能营养成分利用有效性低、加工技术匮乏及副产物综合利用有限等行业关键共性问题，以开发珍稀食用菌高值化、资源化全价利用的精深加工关键技术为目标，研发了食用菌功能成分高效提取、营养成分加工强化、副产物全价利用三大技术，实现了总黄酮和多糖的高效提取、富硒和高纤的产品研发、食用菌复配的生物发酵。该技术可使总黄酮和多糖提取率提高 45% 和 59%，富集至少 98% 的有机硒，生产氨基酸态氮高于国标的系列鱼露、蚝油产品。该技术适用于珍稀食用菌规模化加工，为食用菌健康营养产品研发和资源综合利用提供科学支撑与技术保障。

技术研发与实施期间，在福建、江苏、广西①、湖北等主要食用菌产区大规模推广，累计新增产值 15.2 亿元、净利润 3.5 亿余元。

3. 基于泡菜优势微生物及其生物反应器连续自控技术

该技术拥有国家发明专利 12 件、国际专利 1 件。针对泡菜生产工艺"粗放"、机械化程度低、标准化程度差、产品质量安全不稳定、高盐废水排放量高等行业共性问题，筛选了优势发酵菌剂，研发了在线监测、精准发酵、清洁生产三大技术，实现了泡菜的风味定向发酵、不锈钢罐全自控生产、产品安全低盐无排放。该技术可使发酵时间由原来的 360~720 小时缩短至 48~72 小时，泡菜产品亚硝酸盐远低于国家标准（<2 毫克/千克）。该技术适用于泡菜规模化自动化加工，引领并推动了泡菜产业的创新发展。

技术研发与实施期间，累计新增产值 3.16 亿元，新增利税 0.9 亿元，带动综合效益 7 亿元以上，基地效益 15 亿元。

4. 浙江特色果蔬贮运关键装备与配套技术创新及应用

该技术拥有国家发明专利 9 件、软著 1 件、英文专著 1 部。针对浙江特色果蔬专用预冷装备及生鲜品质实时监控系统缺乏、配套保鲜技术体系缺位等行业共性问题，研发了驯化预冷、设施预冷–贮运一体化、防结露和物流专用包装、品

---

① 广西为广西壮族自治区的简称，全书同

质无损检测等技术，实现了储藏冷害有效减低、共享智能冷库可移动、果蔬出库防结露和物流减振抑菌、果蔬冷害可无损检测。该技术库温波动±0.2℃，不均匀性≤0.8℃，实现贮运损耗降低5%～10%，人工节省30%，能耗减少20%。该技术适用于对采后温度敏感的果蔬保鲜，为特色果蔬绿色贮运提供产业技术指导。

技术研发与实施期间，阶段性成果在宁波、金华、丽水、台州、嘉兴及河北、天津等省市产业化应用，累计推广冷库225 765米³，推广特色果蔬保鲜贮运5 565吨，实现直接销售收入1.28亿元，新增税收1 343.30万元。

第三节　重大发展趋势研判

1. 传统蔬菜市场逐渐被智慧蔬菜贸易所取代

中国发展智慧农业起步较晚，但受益于中央从全局角度高度重视农业农村改革，自2012年起，中央一号文件中多次提及精准农业、智慧农业等关键词，极大地推动了我国智慧农业的发展进程。虽然当前批发市场在蔬菜流通中发挥主渠道作用，占70%左右，但随着蔬菜上行渠道的短链化，产业链上的各类主体都在探索以自身为核心的电子商务模式。以近年兴起的拼多多平台为例，2018年度平台农产品及农副产品订单总额达653亿元，较2017年的196亿元同比增长233%。互联网"拼"的模式能在短时间内聚集海量需求，迅速消化掉大批量的当季农产品，从而突破中国蔬菜种植业高度分散化的制约，为分散的农产品整合出直达数亿消费者的快速通道。在流通环节，智慧蔬菜贸易的模式还大大促进了我国农超对接的进程，带来3方面优势：①有效减少流通环节，降低流通成本，实现消费者、农户、零售商共赢；②可追溯性强，超市可全程监控农产品流通环节，充分保障产品质量；③降低信息不对称对农户生产的负面影响，有效对接供给与需求。同时，智慧蔬菜贸易可利用大数据、根据消费者行为习惯，精准匹配农产品信息溯源、电子物流，智能仓储等，大大提升了消费者的购物体验。随着5G时代的到来，智慧蔬菜贸易在在农产品流通环节的优势逐步显现，农产品电子流通发展空间巨大。

2. 基于冷链物流体系的蔬菜就地加工配送服务进一步完善

2017年我国政府因势利导出台了多项政策措施，包括国务院办公厅印发的《关于加快发展冷链物流保障食品安全促进消费升级的意见》、《关于积极推进供应链创新与应用的指导意见》、交通运输部印发的《加快发展冷链物流保障食品安全促进消费升级的实施意见》等，鼓励冷链物流健康发展。同年，我国冷链标准不断出台，国际标准得到广泛应用。据中物联冷链网不完全统计，2018 年全国冷库总量达到 5 238 万吨，其中华东地区冷库占比最高，为 36.2%。但我国人均冷库面积较低，冷链基础设施建设仍落后于城乡经济发展。近年来，城乡冷链物流设施建设作为补短板工程已被写入中央政治局会议，冷链物流设施建设即将上升至国家战略高度。据统计，我国冷链物流百强企业以运输型和综合型为主，占比分别为 43% 和 26%，主要提供运输和城市配送业务。而能为生鲜蔬菜产品提供预冷和加工处理的仓储型及供应链型物流企业占比则低于 20%。冷库是冷链物流的关键环节，我国冷库主要分为产地型、生产型、配送型、仓储型、市场型和社区型六大类型，占比分别为 19%、30%、15%、22%、8% 和 6%。作为果蔬产品预冷、加工的主要地点，产地型冷库占比仅有 8%，可见当前我国对蔬菜行业供应链"第一公里"质量的重视程度严重不足。并且目前我国大部分蔬菜产品物流以常温物流或自然物流形式为主，还没有形成完善的冷链物流体系，非冷藏运输状态下的蔬菜产品物流，在运输、分销和零售多次装卸搬运中增加了二次污染的机会；而自建物流是重资产投入，冷链物流的投入和成本更高，过高投入和缓慢的回收周期，给蔬菜生产从业者带来较大的发展阻力。

为突破蔬菜产品"第一公里"的难题，基于冷链物流体系的蔬菜就地加工配送服务进一步完善的科技创新将成为未来发展的重大趋势之一。完善内容重点在于生产环节操作的标准化、专业化，通过预冷处理有效降低蔬菜产品在生产环节的损耗，并在源头排查出存在食品安全、农药残留等质量问题。在政府主导下，以产地为中心，生产端的资源通过合并、合作的方式，成立强有力的组织、企业，建立冷藏库，上游联合生产散户，帮助完成预冷、质检和包装等专业性工作；下游则可以直接对接销售端，通过规模化强化自身的议价能力，减少中间流通环节，从而打造标准化、高质量蔬菜产品直销模式，提高供应链整体盈利水平，助力蔬菜产业整体升级。

3. 非热加工、新型杀菌、高效分离、节能干燥、清洁生产等新技术在蔬菜精深加工领域得到进一步应用，以特色蔬菜为原料的功能性食品开发热度不减

近年来，各级行政单位对农产品深加工越来越重视，但由于基础薄弱，起步较晚，中国的农产品深加工业水平距世界发达国家还有很大差距：我国农产品加工率只有 55%，低于发达国家的 80%。加上我国蔬菜加工行业增长方式相对粗放，部分企业管理水平差，加工技术一般，原料综合利用程度低，资源浪费大，

能耗高，环保问题突出。针对此情况，国家在《全国农业现代化发展规划（2016—2020年）》中提出，要将农产品加工业和农业总产值的比例从2015年的2.2：1提高至2020年的2.4：1。应用新型蔬菜精深加工技术，提升蔬菜加工的产品品质和生产效率，是实现蔬菜加工业产值占比提升的重要推力。农业农村部等15部门在《关于促进农产品精深加工高质量发展若干政策措施的通知》中也提出，提升农产品精深加工水平，加快新型非热加工、新型杀菌、高效分离、节能干燥、清洁生产等技术升级，开展精深加工技术和信息化、智能化、工程化装备研发，提高关键装备国产化水平。适应市场和消费升级需求，积极开发营养健康的功能性食品。提升科技创新能力，重点支持果品、蔬菜、茶叶、菌类和中药材等营养功能成分提取技术研究，开发营养均衡、养生保健、食药同源的加工食品。随着政策的实施，一大批蔬菜高新加工技术将完成与生物、工程、环保、信息等技术的集成，在我国蔬菜加工企业逐步落地，促进多品类高档次多重附加值的蔬菜精深加工产品的生产，培育壮大一批蔬菜加工示范企业，一批科技水平高、加工能力强的国字号蔬菜加工品牌应运而生。新型加工技术的应用和特色功能性食品的研发在提升我国蔬菜利用的便利度和效率、满足市场多样化需求的同时，也提升我国蔬菜加工产业的国际竞争力。

第四节 "十四五"重大科技任务

1. 特色蔬菜精准物流技术与装备研发

地方特色蔬菜具有鲜明的地域特点，风味独特，消费市场需求稳步增高。针对部分地方特色蔬菜出现采后或快递物流软化、出水、风味劣变等共性问题，开展特色蔬菜品质劣变机理、活性物质互作稳定性、货架期预测研究，开发冷链快递绿色精准物流技术与装备，从特色蔬菜采后商品化预冷处理、精准冷链物流保鲜方面突破地方特色蔬菜行业发展瓶颈，完成特色蔬菜冷链物流创新与成果转化的重大历史使命。

（1）开展特色蔬菜品质劣变机理、活性物质互作稳定性研究，明确异味形成物质基础和演变过程，研发特色蔬菜采后商品化预冷处理技术和装备，延长特色蔬菜采后货架期。

（2）开发蔬菜冷链快递绿色精准物流技术与装备，研发特色蔬菜绿色包装和风味保持技术，解决特色蔬菜快递物流过程中软化、出水、风味劣变等产业共性问题。

2. 辣椒高值化加工关键技术及产业化应用

辣椒是我国第一大单品蔬菜。2018 年辣椒播种面积 3 200 万亩，产量 6 400 万吨，占蔬菜的 8%，占世界辣椒总产量的 49.38%，位居世界首位；农业产值已达 2 500 亿元，占全国蔬菜总产值的 11.36%；对农民贡献率达 1.14%。但目前辣椒加工存在非发酵辣椒加工品类单一、发酵辣椒品质劣变严重、辣椒皮渣籽副产物综合利用程度低等问题。开发新型非发酵辣椒产品、优化传统自然干制和发酵工艺、综合利用辣椒副产物，以解决辣椒产业核心问题，实现辣椒加工的转型升级，提升辣椒加工产品附加值，实现辣椒加工产业高质量发展。

（1）针对非发酵辣椒加工品类单一的问题，通过开发多效联合辣椒绿色干制技术，解决目前辣椒干制耗时长、品质差、易霉变的问题；通过开发高压非发酵鲜椒系列产品，保留鲜辣椒原有颜色、风味、营养等品质。

（2）针对传统自然发酵辣椒制品存在杂菌残留、辣椒皮肉易分离、品质劣变严重等问题，通过压力技术手段，筛选耐压发酵菌种，开发耐压乳酸菌发酵工艺；通过联合动力学模型对主要影响辣椒酱安全特性的化学生物胺及亚硝酸盐，进行含量预测，并通过天然抗氧化剂抑制其生成途径，控制发酵辣椒酱的品质安全。

（3）针对辣椒加工过程产生的高达 30%~50% 的皮渣、籽、把等副产物综合利用程度低的问题，以辣椒籽的综合利用为突破点，通过高压技术，实现辣椒籽油、辣椒籽膳食纤维和辣椒籽分离蛋白连续梯次提取，创制一系列具有高生物活性的辣椒籽油、辣椒籽膳食纤维及辣椒籽分离蛋白等高值化产品。

3. 食用菌营养品质保持及绿色加工关键技术研究

近年来，食用菌及其制品的功能性、药用性受到广泛关注，其抗氧化、降血糖、降血脂、抗癌等功能性不断被揭示、开发应用。在加工储运过程中，食用菌中的蛋白质、糖类、黄酮类等营养成分被破坏，或者其营养成分的分子结构、空间构象、理化性质发生改变而形成独特的香气、滋味、功能。

（1）通过研究阐明食用菌加工过程中品质及风味形成的分子基础和变化规律，开发出适宜的营养品质保持技术，解决食用菌加工过程中品质表征评价及营养品质保持技术缺乏问题。

（2）通过研究确定品质保持技术对食用菌产品品质与保质期的影响，突破功能型食用菌质量及安全控制新技术，研制高值功能性新型食用菌制品，开发针对不同区域、不同人群特殊营养需求的休闲化、高值化、功能化系列食用菌制品，解决食用菌科学研究对市场新需求支撑不足的问题。

（3）通过研究确定食用菌及其制品储运流通过程中内外因素对产品品质的影响，开发出适宜的现代物流技术，解决流通过程中食用菌营养品质保持技术匮乏问题。

4. 中式传统蔬菜加工技术传承创新与营养健康研究

以中式传统加工蔬菜涪陵榨菜、四川泡菜等为研究对象，探明全产业链加工过程中功能微生物及营养因子（如益生菌、有机酸、氨基酸、多酚、维生素、膳食纤维、多肽等）和潜在风险物质（如亚硝酸盐、生物胺、亚硝胺等）的变化规律，探明形成机制，并对其进行调控研究；同时解析盐度对人体健康的影响，探明烹制中式传统加工蔬菜制品过程中焦谷氨酸钠的形成机制及潜在的安全性隐患评价，为中式传统蔬菜制品的加工工艺优化及产品的营销提供数据支撑。

（1）探明榨菜、泡菜等中式传统蔬菜制品中的益生菌和营养因子，以及对人体的功效作用，建立微生物与营养物质的构效关系，建立调控榨菜、泡菜发酵等关键技术；探明榨菜、泡菜食盐含量与人体健康的关系，破解消费者对榨菜、泡菜等中式传统蔬菜制品含盐量有损健康的理解误区，重新认识榨菜、泡菜等中式传统蔬菜制品的营养健康。

（2）探明榨菜、泡菜等中式传统蔬菜制品生产加工及烹饪过程中风险物质的变化规律，剖析亚硝酸盐、生物胺、亚硝胺、焦谷氨酸钠等物质的形成机制，研发出可以降解、阻断或调控其生产、转变的关键技术。

（3）探明榨菜、泡菜等中式传统蔬菜制品原料选育、种植生产等问题，创新优化榨菜三腌三榨、低盐泡菜连续生产等关键技术，融合现代发酵技术和智能加工技术，实现榨菜、泡菜的标准化生产加工，解决产品同质化的问题。

注：本文数据主要参考国家统计局、农业农村部、海关总署公示数据等数据库。部分观点参考前瞻产业研究院、中国产业信息研究网、中经市场研究网、中国报告网、中国蔬菜网等相关报道。

第五章 | 2019 年畜产加工业科技创新发展情况

第一节　产业现状与重大需求

1. 畜产总量平稳，牛羊禽蛋奶实现增长

2019 年畜产总量 14 159 万吨，较 2018 年 14 720 万吨，下降 3.8%。其中牛肉产量 667 万吨，增长 3.6%；羊肉产量 488 万吨，增长 2.6%；禽肉产量 2 239 万吨，增长 12.3%；禽蛋产量 3 309 万吨，增长 5.8%；牛奶产量 3 201 万吨，增长 4.1%；产量下降的主要原因是受非洲猪瘟疫情影响，生猪和能繁母猪存栏量均大幅下降，猪肉产量仅为 4 255 万吨，下降 21.3%。值得一提的是，2019 年 10 月，生猪和能繁母猪存栏量均降至全年最低，分别为 18 952 万头、1 917 万头，同比分别降低 41.4% 和 37.8%。随着国家和地方一系列恢复生猪生产政策措施的落实，2019 年 11 月生猪和能繁母猪存栏探底回升，相应环比上涨 2.0% 和 14.1%，但由于非洲猪瘟仍存在再次暴发风险，2020 年仍存在不确定因素。

2. 畜产加工业整体稳健，畜禽肉价格大幅增长

2019 年畜产总量虽然下降，但在市场价格的拉动下，加工业总体收入呈稳健态势。以产量下降幅度最大的猪肉加工业务为例，2019 年 12 月生猪出场价格与 1 月相比，上涨 178.1%。在猪肉价格上涨的带动下，牛羊鸡肉和鸡蛋的价格也一路上涨，12 月牛羊鸡肉价格最高分别上涨至 68.11 元/千克、63.76 元/千克和 27.04 元/千克，分别比 5 月全年最低价上涨了 20.7%、15.7% 和 20.7%，禽蛋 11 月价格最高上涨至 12.85 元/千克，比 3 月全年最低价上涨了 27.6%。

根据双汇、雨润、温氏等 12 家畜禽屠宰及肉类加工上市公司半年报或三季度报告数据显示，三分之二企业的营业收入和利润呈正增长。受非洲猪瘟影响，猪肉企业产品销量不同程度下降，2019 年二季度双汇鲜冻肉及肉制品销量分别同比降低 1.47%，但同时受猪肉价格大幅上涨影响，该类企业利润大幅增加，温氏前三季度利润同比增长 236.34%，双汇在前三季度屠宰量同比下降 28% 的情况下屠宰头均利润同比增长 26%。

3. 产业集中度不断提升，形成较为稳定的竞争格局

肉类加工企业基本处于分散竞争型的格局，这与肉类加工产业链长、涉及环节多、资本较为分散有较大关系，以猪肉企业为例，双汇、雨润、金锣、众品 4 家巨头也仅占全国市场销售份额的 7%，产业历经 2019 年非洲猪瘟事件淘汰了一批小微企业，产业集中度进一步提升；蛋品企业以湖北神丹、福建光阳、江西洪门、北京健力等出口为主企业和新型蛋制品加工企业（主要应用于烘焙、食品加工、餐饮等行业）为主力军；乳品企业已经形成较为稳定的四级梯队竞争格局，第一梯队以伊利、蒙牛和光明为核心，第二梯队以新希望、君乐宝年销售额在百亿元上下的大型企业为核心，第三梯队以新疆天润、山东得益等年销售额在 2 亿~20 亿元的区域性企业为核心，第四梯队则是数量最多的小型企业。

4. 畜产贸易逆差进一步扩大，走私肉有抬头迹象

受国内猪肉供应不足影响，2019 年 1—11 月，猪、牛、羊肉的进口量和进口额激增，进口量分别为 173.3 万吨、147.0 万吨和 35.5 万吨，分别同比增长 107.3%、74.3% 和 45.9%，而出口量分别为 25 147 吨、215 吨、1 678 吨，分别同比下降 35.3%、48.3% 和 40.5%，整体贸易逆差达到 857.8 亿元，比 2018 年全年高出 56.9%，扩大比例惊人；与此同时，走私肉有抬头迹象，2019 年仅公开报道的 13 起肉类走私案件走私量就达到近 7 000 吨，随着猪肉价格的攀升，猪肉走私案件也在增加。这给国内市场带来巨大冲击，也造成了较大的疫病传播和食品安全隐患。蛋奶方面，2019 年 1—11 月，乳品进口量接近 280 万吨，同比增长 11.3%；蛋品进口量 24.0 吨，同比增长 32.4 倍，同样呈现逆差扩大的状态。

5. 加速调整国产牛羊肉产品结构，应对进口冲击

我国牛羊肉加工业目前普遍存在着加工品质不一、方法粗糙、不安全、产品同质化严重等问题，面对国外进口牛羊肉大量涌入所带来的市场冲击，本土产品明显缺乏品牌价值和产品竞争力。因此，为应对进口产品的冲击，亟须基于消费市场状态，针对终端牛肉市场特异化、差异化需求，从国内原料肉与进口肉品质的差异性、加工肉制品与家庭消费需求的对应性、多样性与创新性等方面综合考虑，研发多元化生鲜制品，研发适于餐饮零售以及家庭食用的牛羊深加工制品及副产物制品。这在未来很长一段时间内都将是引领我国牛羊肉加工产业发展的迫切需求。

6. 转化一批畜产高值化深加工技术，科技支撑企业提质增效

畜产各个品类的产业结构将不断优化并趋向合理，精深加工产品所占比重逐

步提升，这需要相应的高技术含量的高值化技术成果作为强大支撑。在肉类加工行业中，尽管非洲猪瘟事件的影响还会持续一段时间，但同时也会加速促进产业转型升级，我国肉类产品产业结构将持续不断优化，牛羊肉、禽肉的比重将进一步提升；优质的传统肉制品市场占比将继续提升。随着我国肉类加工技术的不断提升，未来我国肉类加工比例还将继续提升，骨、血等畜禽副产品将进一步向生物制药、保健品等方向进行更深、更广的加工，综合利用附加值进一步提高。在蛋品加工行业中，产品将更加多元化，高附加值的加工蛋会增加，包括初级打蛋、液蛋、调理品、干制品等。在乳品加工行业中，常温 UHT 奶将继续保持行业主流地位，有机液态奶、奶酪等干乳制品比重将继续上升。

第二节　重大科技进展

1. "人造肉"成为肉类科技新热点

2019 年，"人造肉"概念受到资本市场热捧，比尔·盖茨、李嘉诚等知名企业家纷纷投资人造肉产业，"人造肉汉堡"入选由《麻省理工科技评论》发布的 2019 年全球十大突破性技术。"人造肉"是未来食品的标志性产品，可分为两大类：一类是基于植物蛋白的"人造肉"，该类产品因可以最大限度地模拟真实肉品的外观和口感，所以又被称作素肉、植物肉、模拟肉等；另一类是基于生物组织培养的"人造肉"，该类产品因可以绕开动物饲喂而为人类提供真实动物蛋白，又被称作培养肉、培育肉、体外肉或清洁肉等。目前，北京工商大学、江南大学、南京农业大学等高校，中国肉类食品综合研究中心等科研机构，金字火腿股份有限公司、天津春发生物科技集团等多家企业都投入到了不同人造肉的科学研究中。

2. 区块链技术在肉类溯源领域推广应用

习近平总书记在中央政治局第十八次集体学习时指出，区块链技术的集成应用在新的技术革新和产业变革中起着重要作用。区块链具有不可篡改、去中心化及分布式数据库特性，其在肉类产业有较好的应用前景，在产品溯源、供应链控制等领域将发挥重要作用。京东"跑步鸡""游水鸭""飞翔鸽"，沃尔玛"猪肉"均已实现区块链商品溯源应用。

3. 国产肉类加工装备水平进一步提升

2019 年我国国产肉类加工机械设备取得一系列突破，核心竞争力进一步提升，摇臂式劈半机器人和框架式劈半机器人，填补了国内市场高端设备的空白，三点式心脑麻电机消除了传统麻电设备呛肺、断骨、断尾等现象，运河式烫毛装置脱毛率达到98%以上，750升大型真空制冷斩拌机等关键肉类加工机械设备突破精密度和稳定性，转速可达4 500转/分钟。

4. 突破西式肉制品绿色制造关键技术

通过自主攻关结合引进消化吸收，开展西式肉制品制造过程中品质形成机制与调控、有害物质生成机制和迁移规律等基础研究，突破了加工过程品质保持、产品品质控制、低盐低脂、有害物防控等新技术和新工艺研究，构建了西式肉制品绿色制造关键技术体系；消化吸收已引进的先进大型加工设备，研制出大型数控真空斩拌机、全自动定量灌装机、制冷滚揉机、节能型连续化蒸煮冷却设备等自动化、工业化、智能化、节能减排成套技术装备，实现了本土化生产；集成绿色制造关键技术及成套装备，进行产业化示范。

5. 突破高质化乳制品膜滤除菌技术

创制了微滤除菌+超滤标准化蛋白+纳滤脱盐的原干酪加工关键技术和装备，使蛋白利用率提高了≥13.3%、干酪得率提升了≥10%、乳清脱盐率≥85%。创新了膜滤+72℃杀菌工艺，提高了LF、IgG保留量60%以上，保质期延长1倍至15天以上，实现了鲜奶高质化加工，推动了72℃低温杀菌技术加工高品质鲜奶的广泛应用。

6. 突破方便营养型蛋制品绿色加工关键技术

针对我国蛋制品质量安全控制和蛋粉、液蛋产品同质化问题严重以及对新需求支撑不足等困境，通过壳聚糖、蛋清蛋白纳米凝胶包埋等手段，增强蛋源活性物质的生物递送效率，突破了生物递送关键技术，解决了现代蛋制品的品质质量提升与安全控制难题，开发出蛋膜多肽粉、固体饮料产品、高DHA蛋黄粉等新产品，有效应对不同区域、不同人群的特殊营养需求。

7. 获得两项国家科学技术进步奖二等奖

2019年畜产加工行业两项成果喜获国家科学技术进步奖二等奖，其中由中国肉类食品综合研究中心牵头申报的"传统特色肉制品现代化加工关键技术及产业化"获轻工组二等奖，研发团队经过12年攻关，建立了传统特色肉制品风味、质构数字化评价体系和定量调控技术，奠定了标准化生产基础，突破了工业生产"原味化"和"标准化"难题；创建了传统特色肉制品安全风险快速识别、高效控制技术，攻克了安全控制技术瓶颈，有效降低了加工过程有害物残留；创制了传统特色肉制品加工自动化配套装备及生产线，实现了节能减排和综合效益提升，为产业发展提供了良好支撑。由南京农业大学牵头申报的"肉品风味与凝胶品质控制关键技术研发及产业化应用"获农业工程组二等奖，团队历时 20 年，围绕长期制约肉品产业的技术瓶颈不懈攻关，摸清中式肉品风味"家底"，揭示了中式传统腌腊肉制品风味形成机理，研发出现代加工工艺；阐明了西式低温肉制品凝胶形成新机制，研发出凝胶品质控制关键技术，解决了西式肉品"水土不服"的难题。

第三节　重大发展趋势研判

1. 建立全产业链加工技术集成体系

党的十九大报告提出，要实施乡村振兴战略，促进农村一、二、三产业融合发展。其中畜产加工行业一方面直面下游的消费市场，另一方面也链接着上游的种植业和养殖业。目前，一、二、三产业协调发展已成为新的发展趋势，以畜产加工业为龙头，延长产业链、价值链，形成以消费市场为导向，种植、养殖跟进的上下游产业有效衔接。产业逐步向上下游渗透，产业链逐步完善。完善先进的全链条技术集成体系将成为企业科技竞争命脉。

2. 营养健康畜产品精深加工技术

2019 年，全国居民恩格尔系数为 28.2%，比上年下降 0.2 个百分点，我国已经达到富裕水平。我国居民对食品安全和营养健康的食品需求也将随之提高。畜产品消费市场将继续呈现多元化、差异性和个性化发展趋势，针对婴幼儿、青少年、女性、老人、患者等特定消费者需求的畜产加工制品有巨大的市场潜力，营养丰富，低脂肪、低钠、低胆固醇、低糖类产品将得到消费者的青睐。

3. 畜产品全程质量安全控制与溯源技术体系

食品安全可追溯体系是保障食品安全管理的重要手段。可追溯体系的建立将实现对养殖、运输、屠宰、运输及销售等各个环节的跟踪与溯源，有利于及时发现各环节中存在的隐患，将食品安全危害降到最低，有利于为消费者提供一个获取有效、可靠食品信息的途径，有利于政府部门对畜产品食品安全的监督和管理，进而保障畜产品的质量安全及畜牧业的健康、可持续发展。

4. 人造肉生产技术

人造肉发展成为大势所趋，通过动物肌肉干细胞组织培养的人造肉和以植物性蛋白为原料的人造肉是目前两大主流研究方向，此外，肉制品 3D 打印技术也发展迅猛。理论上在基于组织细胞培养肉类的生产过程中能更好地规避微生物污染风险，特别是可以直接避免抗生素的影响，同时也不需要任何药物添加剂，使得人造肉生产更安全，更绿色低碳。

第四节　"十四五"重大科技任务

1. 加强肉类冷链体系建设

长期以来我国肉类产品以活体调运为主，肉类产品冷链物流需求相对不高。非洲猪瘟疫情改变了传统屠宰调运模式，模式的改变也对企业冷链运输管理提出了更高要求。现阶段我国冷链物流体系不完善，人均冷库拥有量、人均冷藏车保有量较低（分别仅为日本等冷链发达国家的 1/4 和 1/10），存在技术集成度低、工程化不足、标准化程度低、物流损耗高等问题，围绕上述问题，建议"十四五"开展畜禽肉冷链物流品质劣变机制研究，研发和集成高效绿色冷链物流新技术和新装备，形成系列技术标准，开展规模化示范应用。

2. 完善畜产品绿色包装技术

国内生鲜电商发展迅速，肉蛋乳品包装技术需求不断上升。特别是在肉类加工行业，现阶段我国普遍存在畜禽肉初始微生物污染较为严重，包装行业缺乏有效的质量保持技术，包装关键材料研发不足，围绕上述问题，建议"十四五"开展低碳适度包装和精准控温技术研究，研发和集成智能绿色冷链物流新技术和新装备；构建智能化物流管理平台，以满足人民群众对安全营养畜禽肉的消费需求。

3. 开发自动化和智能化肉类加工设备

自动化和智能化是屠宰行业发展的必然趋势，也是应对日益严重的用工荒、节能降耗、提高产品质量安全水平的有效手段。但是目前国内自动化和智能化肉类加工装备全部依赖进口，严重侵蚀了产业利润，成为肉类相关产业发展的最大羁绊。围绕上述问题，建议"十四五"研究自动化机械传动结构，开发自动化信息控制系统；研制智能开耻骨、开膛、劈半等畜禽屠宰加工装备，研究肉品光谱图像信息与理化指标和加工特性关联模型，开发自动化分级装备。

4. 加强人造肉生产技术攻关

人造肉能够对气候变化、环境污染等问题起到一定的缓解作用，有着巨大的发展潜力。建议"十四五"开展优质干细胞株选育，规模化定向培养，抑菌技术，成本控制等关键技术研究，制定人造肉相关术语、标准、法规，完善相关市场监管。

5. 开发畜产加工自动化、智能化装备

从 20 世纪 70 年代开始，国外先进畜产加工装备已经与现代微电子技术、仪器与控制技术、信息通信技术融合，实现数字化、自动化和智能化。目前我国畜产加工装备也在与互联网技术有机融合，逐步朝着数字化、信息化、自动化、智能化方向发展。建议"十四五"期间加速使物联网、互联网、智能化的信息工具高度对称联结在一起，实现产业的智能化和数据化管理。

6. 研发乳制品精准营养调控产品

我国乳品行业亟待建立原辅料营养质量、安全、感官品质的大数据库；强化加工与贮运过程组分结构功能、品质变化及调控技术的研究。构建婴幼儿配方乳粉营养与安全评价技术体系，利用新型商品化功能因子，以中国健康母乳为标准，通过配方和生产工艺的优化，设计开发更适合中国婴幼儿体质的婴幼儿配方乳粉，突破我国高端婴幼儿配方乳粉发展的关键技术瓶颈。

7. 蛋壳绿色处理技术

目前，国内企业平均每天的打蛋量不低于 50 万枚，按照 1 枚鸡蛋蛋壳重为 6克计算，国内每天液蛋产生的蛋壳大约有 3 吨，而用于液蛋加工的蛋壳均经过粉碎机粉碎，国内某些企业利用种养结合将粉碎后的蛋壳用作肥料还林，但对于仅以生产深加工鸡蛋产品为目的的企业，大量的蛋壳粉碎物则直接掩埋处理。研究表明，蛋壳及蛋壳膜中含有唾液酸、角蛋白、透明质酸和胶原蛋白等生物活性成分，具有较高附加值，还能用于提取乳酸钙、醋酸钙、丙酸钙等，因此，"十四五"期间，蛋壳的规模化再利用还需要进一步研究探索。

第六章 2019 年茶叶加工业科技创新发展情况

第一节　产业现状与重大需求

我国是世界上最大的产茶国，面积、产量均居世界第一，出口量居世界第二。茶叶是我国重要的特色经济作物，茶叶产业作为现代农业的重要组成部分、新农村特色支柱产业和重要富民产业，已成为广大适于种茶山区实现三产融合、绿色发展、扶贫攻坚、乡村振兴的重要抓手和战略选择。

一、茶叶加工业产业现状

1. 茶叶产量稳定增长，生产规模不断扩大

2019 年，我国茶叶加工业总体运行平稳。生产规模比上年同期扩大，因中西部地区湖北、贵州、重庆等省份主要茶区新投产茶园面积增长较快，2019 年我国茶园面积 4 598 万亩；全国原料茶总产量仍保持稳定增长，干毛茶总产量达 279.1 万吨，较 2018 年增长 4.2%，农业总产值为 2 300 亿元。

2. 产区布局更为合理，特色优势区域初步形成

我国茶区分布辽阔，全国有 21 个省市 1 000 多个县产茶，以生态气候条件、产茶历史、品种分布和主产茶类结构为依据划分为四大茶叶重点区域：长江中下游名优绿茶重点区域，包含江苏、浙江、安徽、江西、河南等茶区共 48 个县，主产名优绿茶，茶叶产量占全国的 17%；东南沿海优质乌龙茶重点区域，包含福建、广东等茶区共 14 个县，乌龙茶加工主产区，茶叶产量全国占比 19.5%；长江上中游特色及出口绿茶重点区域，包含湖北、湖南、重庆、四川、贵州、陕西等茶区共 38 个县，以生产绿茶、边茶（黑茶）和红茶为主，有部分黄茶产品产量占全国总产量的 45.54%；西南红茶及特种茶重点区域，包含云南、广西等茶区共 18 个县，主产红茶和黑茶类产品，有部分绿茶和花茶产品，产量占全国总产量的 17.0%。

3. 茶类品种结构不断优化

2019 年六大茶类绿茶、红茶、乌龙茶、黑茶、白茶及黄茶产量均有提升，从产量占比看，绿茶、红茶、乌龙茶、黑茶、白茶、黄茶占比分别为 63.4%、11.7%、10.3%、13.9%、1.3%、0.3%；绿茶主导地位稳固，生产规模仍保持稳定增长，但产量占比持续下降，2016 年、2017 年、2018 年分别占 70%、68% 和 65%；红茶相对稳定增长；乌龙茶占比持续下降；黑茶（含普洱）由于消费人群的扩大和易于贮藏，产量和占比仍将持续上升；近年来，以福鼎市白茶为代表的白茶产业和湖南君山银针为代表的黄茶呈现出良好发展态势，产量持续增长。

4. 国内消费较快增长，业态和产品创新探索进程加快

2019 年春茶期间干毛茶市场交易量同比上升 2.3%。预计全年干毛茶交易量同比上升 3% 左右，2019 年国内消费总量保持在 200 万吨左右。从消费结构看，茶叶消费市场持续延续绿茶为主导，黑茶、白茶快速增长的势头，红茶市场热度继续维持，而乌龙茶依然处于低迷态势，小茶类白茶、黄茶等消费人群持续扩大，创新性茶饮产品小青柑及调味茶小金柠（红茶+柠檬）、陈皮白茶等在茶叶市场形成热度持续。新式茶饮的崛起将快速推进产业创新探索进程。同时，再加工茶抹茶产品、茶叶衍生品等经历了一段时间的快速发展后，进入调整提升期。

5. 国际贸易稳步增长

目前我国茶叶出口总额、绿茶出口量全球第一，总出口量居全球第二，是全球重要的茶叶贸易国，中国的茶叶出口量占世界市场的 15%~20%；2019 年精制茶出口形势较好，出口额和单价均较同期有明显增长。据海关总署统计，1—11 月，茶叶出口量为 33.4 万吨，同比增长 1.7%；出口额 18.3 亿美元，较去年同期增长 13.7%；出口平均价格为 5 488.9 美元/吨，较去年同期增长 11.8%。我国茶叶出口以绿茶为主，出口市场主要集中于非洲、亚洲地区。进口方面，2019 年 1—10 月，我国茶叶进口 34 193.1 吨，同比上升 13.7%，金额 1.5 亿美元，平均单价 4 500.5 美元/吨。我国茶叶进口以红茶为主，占比超过 90%。

6. 产业组织体系日益完善，集中度进一步提升

经过近 40 年的发展，我国形成了完善的茶产业生产经营组织体系，形成了以小茶农、专业大户、家庭茶场、合作社、龙头企业为主体的生产加工体系。在茶农专业合作社带动下，茶农组织化程度大幅提升，我国茶农合作社入社率约为 65%，扶持培育茶叶龙头企业，通过龙头带动产业发展，以品牌化龙头企业为主

的产业经营主体的市场影响力不断增强。2018 年我国茶叶类国家级龙头企业 38 家，我国规模以上精制茶加工企业（指主营业务收入在 2 000 万元及以上的精制茶加工企业）从 2003 年的 327 家增长到 2 089 家，占比从 2.8% 提高到了 14%。2003—2016 年精制茶加工企业工业销售产值从 64 亿元提高到 2 331 亿元。

二、重大需求

以降低生产成本、提高产品质量、加快资源利用率，促进茶产业提质增效健康发展为目标，我国茶叶加工业科技热点聚焦在茶叶风味品质化学、茶叶精准化加工、茶叶深加工、质量安全等领域，茶叶节能降耗绿色加工、传统茶自动化智能化装备、茶叶深加工高值化利用、品质风味与营养健康、质量安全保障为茶产业重大需求。

1. 茶叶节能降耗绿色加工技术

茶叶加工能耗高，设备的热效率低。我国目前茶叶的杀青、做形、干燥等环节热能利用率仅为 30%~40%，企业使用燃煤、木柴等非清洁能源的情况普遍，在当前能源日趋紧张的情况下，造成了环境污染，且能源浪费大。采用新型、清洁能源或改进传统发热设备结构，研制节能型茶叶加工关键设备、热能回收利用装置等来提高整个茶叶加工的热能利用率，亟待研制节能、低耗、清洁环保型关键设备及加工技术。

2. 茶叶自动化、智能化、精准化加工技术

我国大宗茶加工基本实现了机械化加工，名优茶机械化加工也已达到 80% 以上，针对劳动力日益紧缺，资源和生态环境刚性约束不断加强，生产成本持续升高的难题，研发茶叶自动化、智能化、精准化加工技术是解决此问题的重要途径。

3. 名优茶人工采摘和加工的机械替代技术

针对我国农村劳动力已进入总量过剩与结构性短缺并存阶段，这一现实特征对以劳动密集型为主的茶产业发展提出了严峻挑战。春茶期间采茶工短缺比例为 20% 以上，采茶工短缺已成为制约产业发展的重要瓶颈。伴随劳动力结构性短缺，茶叶生产的人工成本和物质成本不断上升，急需构建我国茶园生产劳动力人机替代，研发出一整套由传统粗放式茶叶生产向现代高效化、机械化、省力化生产转型的茶叶加工技术，因此，名优茶人工采摘和加工的机械替代技术成为产业重大需求。

4. 功能性成分发掘及多元化利用技术

随着茶叶种植面积扩大，茶叶产量的增长，产销平衡矛盾日益突出，部分地区农户出现卖茶难问题。据不完全统计，目前国内多数产茶大县一般 80%～90% 的茶园不采夏秋茶，全国每年约有 40% 以上的产量未能采收；我国茶叶深加工比率仅为 7%，远低于日本等发达国家；茶资源的利用率不高，产品的附加值低，严重影响了茶叶经济效益的提升。随着茶叶中功能性成分健康机理的揭示，营养成分的深入发掘，通过茶叶深加工和多用途技术应用，实现茶产业跨越式发展。

5. 茶饮料加工创新技术

我国茶饮料的生产量和消费量居世界第一，茶饮料占全国软饮料消费份额的 20% 以上，2019 年茶饮料产量达 1 800 万吨，产值达 1 300 多亿元；速溶茶、固体奶茶、茶浓缩汁、新式茶饮等新业态蓬勃发展，随着茶饮料市场的迅速崛起，对茶饮料加工技术也提出更为迫切的需求，茶叶的天然营养、风味的高保真加工技术、冷冰速溶技术、功能性茶饮料产品加工技术等已成为支撑茶饮料发展的强劲动力。

6. 茶叶质量安全技术保障体系

我国茶类品种多、加工工艺复杂、地域性强，茶叶加工企业主要为小微企业，质量安全意识较低，茶叶加工标准体系尚未健全。茶叶品质数字化评价技术、茶叶中有毒有害物质控制监测技术、茶叶生产过程中的质量控制与管理、从茶园到茶杯可追溯质量体系和安全因子风险评估体系等还需要完善。

第二节 重大科技进展

随着茶叶加工科技创新能力提升，至 2019 年我国的茶叶加工在传统茶加工、茶叶深加工、茶叶加工装备和新产品等关键技术上取得突破，六大茶类生产已实现连续化、洁清化加工，部分实现自动化、智能化；速溶茶、茶饮料、功能成分等多项深加工技术成果获国家省部级奖，茶资源多元化利用技术延长了茶产业链及提高了茶产品的附加值，使人们从喝茶向吃茶、用茶方向转化。近年来茶叶加工科技获得技术重大突破，2008 年"茶叶功能成分提制新技术与产业化"、2018年"黑茶加工关键技术创新与产业化应用"、2019 年"茶叶中农药残留及管控体系创建及应用"三项成果获国家科学技术进步奖二等奖，标志着我国茶叶加工技术自主创新能力迈向了新的高度。

1. 茶叶机械化采摘技术进展

1989年，农业部组织成立了全国协作组，对机械化采茶技术进行了深入系统的研究，制定了《机械化采茶技术规程》（NY/T 225—94）。提出了适用于大宗茶类的机械化采茶的茶园条件、机械选配、栽培管理、树冠培养、适采期等技术规范。与手工采相比，机采提高工效15～20倍，降低成本40%以上。采用切割式工作原理，对茶芽缺乏选择性，为了适用于名优茶机械化采收的需要，研发出基于机器视觉的切割式采茶机，嫩茶自动识别与采茶机割刀的自动调平的控制方法，为今后全自动化采摘奠定了基础；研制出生产型鲜叶分级机，用于优质机采茶叶分级分类，提高了机采茶鲜叶的利用率。

2. 茶叶加工技术进展

近年来，以茶叶品质提升为中心，六大茶类的加工环境和条件不断获得改善，茶叶加工机械化明显加快，自动化水平不断提升。鲜叶管理实现了鲜叶摊放过程的精准调控和连续化作业；开发出蒸汽、汽热、微波、电磁、远红外等新型清洁能源的杀青、干燥技术，显著提高了热效率；基于PLC控制的自动化茶叶揉捻机组，能自动上料、称量和加压精准调控，揉捻工艺实现了连续化、自动化控制；理条机、扁形茶炒制机、曲毫形茶炒制机、针形茶炒制机等名优茶机械化作形技术已产业化应用。红茶加工，滚筒连续发酵机和发酵塔实现了发酵叶自动翻拌，减轻了劳动强度；可控式供氧发酵，红茶加工品质显著提高，研制出功夫红茶智能化生产线。黑茶加工，发明了诱导调控发花技术、散茶发花技术、砖面发花技术、快速醇化技术和黑茶高效综合降氟技术，构建了优质黑茶加工体系。

3. 茶饮料加工技术进展

随着人们生活水平不断提高和生活节奏加快，茶叶消费逐渐向便捷、营养、保健等方向发展。20世纪90年代初，中国的茶饮料开始产业化，经过30多年的快速发展，我国茶饮料加工技术水平得到了明显提高，生产装备接近国际先进水平，多数加工设备已实现国产化。茶饮料主要包括液态茶饮料和固体速溶茶两大类产品。近年来，逆流提取、酶工程、膜分离、膜浓缩、冷冻干燥、旋转锥蒸馏塔（SCC）等新技术开始广泛应用于茶饮料生产，基本解决了影响茶饮料品质的关键技术问题。目前我国茶饮料加工中，水处理已广泛采用了膜反渗透（RO）常温绿色提取技术；在加工工艺中，提取采用吊篮式或逆流技术，澄清一般采用高速离心和膜分离技术，灭菌一般采用超高温瞬时杀菌（UHT）技术，灌装采用热罐装或无菌冷罐装（ACF）技术，吹瓶采用一步法或二步法。我国茶饮料生产主要集中在年产 10 万吨以上的大型企业，加工技术采用 UHT/无菌冷灌装（ACF）技术，另外，极少数企业开始尝试膜冷除菌/无菌冷罐装（ACF）技术，可实现全程常温加工，从而显著提升了产品质量。

4. 茶叶功能性成分提取及应用技术进展

茶叶功能性成分主要有茶多酚、茶色素、茶氨酸、茶多糖、茶皂素等。目前，我国茶叶提取物的总年产规模已达 25 000 吨以上，消耗茶叶原料 20 多万吨，占我国茶叶年总产量的 6%~7%，在浙江、江苏、广东等省有规模化的茶提取物生产企业 100 多家。20 世纪 80 年代，茶多酚生产主要为溶剂萃取法；90 年代后期，研发出只采用纯水和食用酒精为提取与分离溶剂，膜分离与大孔树脂分离纯化相结合的茶多酚儿茶素绿色高效提取纯化技术；超临界 CO_2 萃取、反渗透膜浓缩、高速逆流色谱、固定化酶技术等现代高新技术在茶叶功能成分上的集成创新应用，我国茶叶功能分成制备技术已达到国际先进水平。我国茶叶功能成分制备技术已达到国际先进水平。随着茶叶健康机理的深入揭示，茶功能成分在食品、医药、健康等领域应用拓展，茶多酚在 20 世纪 90 年代初被列入食品添加剂中的天然抗氧化剂；进入 21 世纪以来，随着 EGCG（表没食子儿茶素没食子酸酯）、茶氨酸、茶树花、茶叶籽油被我国列为新资源食品，开发出各类以茶叶功能成分为原料的天然药物、健康食品、功能食品、休闲食品、功能饮料、护理产品及生物农药等具有天然、健康特点的茶叶深加工终端产品。

第三节　重大发展趋势研判

随着全球资源短缺问题的加剧，以及人们对健康需求的关注，茶叶加工产业在产品结构、产业需求、技术发展等方面亦将发生较大转变。茶产品的发展向多元化、特色化和营养健康并重；茶叶初制加工向节能省力、绿色化、自动化、智能化发展；精深加工向高值化发展，将加大生物工程等高新技术新产品研发力度，开发茶叶新用途。

1. 茶叶产品发展趋势为多元化、特色化、健康化

随着社会科技的不断发展和人们消费理念的转变，茶叶产品将呈现出以下发展趋势：从传统的茶饮料、茶食品，更多拓展至茶叶功能产品、日化品等多元化产品，满足消费者日益增长的安全、健康的需求。茶叶产品风味将更多元化，追

求个性化、特色化定制；由单纯追求风味向营养保健转变。饮料的便捷、风味、健康的融合。

2. 传统茶加工技术发展趋势为省力化、低碳化、标准化

机械化、省力化提升技术。通过对高劳动强度作业工序的机械化，配套相应专家系统和控制技术，实现多数茶叶产品的自动化和智能化加工；清洁化和低碳化提升技术。积极研发基于清洁化能源的节能装备，研制茶叶清洁化加工配套装备，实现茶叶加工的全程节能化和清洁化；基于全程机械化加工的产品特色化和稳定性技术。通过品种选择、工艺组合、加工环境参数调控等技术途径，实现茶叶机械化加工产品的稳定性品质，实现标准化生产。

3. 茶饮料加工技术趋势为天然化、高保真、低碳化

高保真制造与保鲜技术。茶叶天然营养和风味品质极易劣变，高品质纯味茶产品需要高保真制造技术和保存技术的支撑；天然化配制技术。改变香精香料等食品添加的调制方式，积极开发出采用天然植物、水果等自然配料进行调配的天然化调制技术。

4. 茶叶功能成分利用技术趋势绿色化、终端化

茶叶功能成分制备技术的绿色化趋势。传统制备技术存在成本高、品相差、化学残留多等诸多问题，严重影响下游产品应用，亟待通过绿色制备技术进行改变；产品制造技术的终端化趋势。与美国、日本等先进国家相比，我国的茶叶深加工产品应用技术更为缺乏，产品终端化将是我国茶叶功能成分技术研究的主要趋势。

第四节 "十四五" 重大科技任务

针对新时代我国茶叶加工科技创新发展的新挑战和新需求，"十四五" 重点开展重大业科技任务，以提升茶叶加工产业竞争力为目标，提升绿色智能制造技术水平，构筑低碳、特色、健康、高效的农产品精准加工技术；加强全产业链品质控制，提高产品安全水平。

1. 茶叶品质化学、风味形成调控技术

重点开展制茶过程中的风味、物性学基础研究，开展茶树资源的功能成分及品质调控机制研究。发掘和鉴定不同茶树资源的特征性化学成分，建成主要名优

特茶树资源的化学品质特征数据库。探索风味特征与品质评价理论,明确加工过程中风味品质形成机理与时空衍变规律,阐明风味与感官品质定向调控方法。

2. 茶叶"智造"共性技术

围绕机采机制省力化、传承制茶工艺的数字化、绿色低碳的产业重大共性技术需求,通过茶学、食品、机械、分析化学、自动化和信息科学等学科交叉集成,研发具有自主知识产权的智能化、精准化、标准化、工业化和成套化核心装备与集成技术。

开展茶叶加工装备的机械材料、传热传质特性、数字化设计、智能感知、自动控制、数值模拟优化等新技术、新方法、新原理和新材料等基础研究;开展机采原料的智能光电色选技术装备创制,研发机采鲜叶排序布料装备,研发基于形状、色泽、叶缘等特征信息的精准快速识别系统,研发基于高通量光电色选分选技术,实现原料分级、除杂,提高机采鲜叶的规格统一性。通过突破非破坏性的品质信息感知技术,研制一批稳定、灵敏、便携、智慧的在线快速无损检测装备,促进茶叶生产由制造向"智造"升级。

3. 基于营养健康的茶资源高值化利用技术

重点开展基于营养健康功能的茶资源精深加工和高值利用相关核心技术研发及产业化应用。开展茶树资源健康功能的发掘,包括茶树资源的健康功能评价,发掘新的、特征性的健康功能;开展茶叶功能性成分的分离鉴别、活性追踪、明确茶树资源化学成分的生物活性。

开展茶树种质资源高值化利用与产品开发,包括基于具有健康效应的茶树资源的茶产品开发和资源高效利用;基于功能组分的功能性茶产品开发,形成多元化、系列化、品牌化的精深加工产品。

第七章 2019 年特色加工业科技创新发展情况

国家农产品加工技术研发体系特色农产品加工专业委员会包括蜂行业、糖业、各种蚕丝、麻类、药材本草、特殊药材（包括化州橘红、枸杞和槟榔）、新食品（辣木、咖啡及富硒产品）和临床营养品等特色加工行业。

特色产品是在特定区域内发展的具有独特生产条件、迥异技术工艺、稀奇品种品质等特点的农产品，一般产品规模和市场容纳不大，但单位效益相对较高，对于局部地区农业增效、农民增收作用明显，并且都是民生经济和健康产业的重要组成部分，不可或缺。

第一节 产业现状与重大需求

特色行业多数属于食药同源的保健产业，多数特色行业尽管起源较早、种类多，但是能形成规模的较少，产业体量和规模效益尚未形成，整体发展存在着诸如产品种类单一、技术装备水平落后、消费者缺乏认知、品牌建设滞后等不少问题。目前，我国有 4 000 多家保健食品企业，共 7 000 多个品牌，但是真正具有实力的保健食品企业不到 100 家。

一方面，我国特色农产品面临成本"地板"和价格"天花板"双向挤压，农民费时费力生产出来的产品却卖不上价，农民持续增收的压力越来越大。另一方面，一些特色农产品没有很好地加工增值增效。这是共性问题。

因此，必须通过共同努力，解决这些问题，以保障特色产品自然健康、品质绿色环保、质量安全可靠等时代产业要求为目标，满足人民美好生活的需求。

一、特色加工产业现状

（一）蜂行业

我国是世界公认的养蜂大国，但是在国际市场上中国蜂蜜均价为 2.09

美元/千克，而新西兰蜂蜜均价可达 24.3 美元/千克，具有天壤之别。蜂蜜市场的最大问题是蜂蜜掺假，严重损伤了蜂农和消费者的利益，进而严重影响我国蜂蜜产业的健康发展。蜂农年龄老化且后继无人；蜂蜜掺假和造假，直接剥夺了蜂农应有的收入；生态环境的日益恶化，从根本上影响了养蜂业的发展。

（二）人参行业

人参产业是我国的特色资源产业，中国人参产量占世界总产量的 70% 以上，但存在以下问题：人参种植业"散、小、乱、差"，缺乏市场竞争力；缺乏深加工的关键技术，深加工产品少，附加值偏低。我国人参加工，一般增值 5～10 倍，日本和韩国是 30 倍以上，德国是 100 倍；传统消费观念束缚，很大程度上与人们长期形成的"吃人参上火"的陈腐消费观念有关；前期种植环节无序发展，导致大量低龄人参作货上市，价格下行压力较大，人参产业发展环境面临严峻挑战。

（三）糖业

全国 2018/2019 年制糖期榨季共计产糖 1 076.04 万吨，较上一榨季增加 45 万吨，增幅 4.36%，食糖产量连续第三年恢复性增长。其中，产甘蔗糖 944.5 万吨（上个制糖期同期产甘蔗糖 916.07 万吨）；产甜菜糖 131.54 万吨（上个制糖期同期产甜菜糖 114.97 万吨）。2018/2019 年榨季甘蔗种植面积 124.3 万公顷，甜菜种植面积 23.4 万公顷，同比上升 3.5% 和 33.7%。受气候及宿根产量影响，糖料单产较 2017/2018 年榨季有所降低，由 60.89 吨/公顷下降至 57.75 吨/公顷，其中甘蔗由 66.75 吨/公顷下降到 63.0 吨/公顷，甜菜由 55.2 吨/公顷下降到 52.5 吨/公顷，从而导致 2018/2019 年榨季糖料入榨量由 8 695.4 万吨下降到 8 529.6 万吨。全国开工制糖集团 46 家，糖厂 224 家，比去年增加 6 家；其中甘蔗糖生产集团 42 家，糖厂 189 家。

（四）中药及药食同源

近年来，在蒙药材加工上，广大蒙药材研究工作者在蒙药材产地加工理论方面进行了深入的研究，取得了一系列研究成果。一方面体现在对传统加工方法的整理与继承，另一方面体现在蒙药材产地加工技术在继承传统加工方法基础上的不断创新。但是相对其他方面而言，对药材产地加工的研究还远远不够，目前可用来查阅研究的文件较少，蒙药材产地加工系统整理的书籍仍然缺乏。

（五）麻类

我国是麻类生产大国，麻类加工的现状主要体现在对麻类副产品的加工利用上。麻类生产过程中除了收获纤维以外，产生了秸秆、花叶等大量农业副产品，并以年均 5%~10% 的速度不断增加。麻类秸秆、花叶等副产物作为废弃物排放于环境中，对农业生产效率和生态环境产生巨大影响。但目前麻类废弃物资源化利用仍然存在层次结构不清晰、宣传力度不够、实施技术单一、产业化程度低和推广应用有限等问题，亟须进一步加强和完善。

（六）辣木

辣木（*Moringa oleifera* Lam.）为辣木科辣木属植物，原产于印度，又称为鼓槌树，为多年生热带落叶乔木，广泛种植在亚洲和非洲热带、亚热带地区，全世界约有 13 个辣木品种，主要分布在印度、日本、中国、埃及、埃塞俄比亚等 30 多个热带、亚热带国家和地区。在中国，辣木主要种植在云南、广东、广西、福建、海南、四川和贵州。总种植面积约 7.5 万亩，新鲜辣木叶子的年总产量约有 60 万吨。辣木被认为是地球上营养最丰富的植物，几乎植物的每个部分都是如此，可用于食品、药物或工业用途。

辣木在印度 4 000 多年的传统医学中，以其高蛋白、低脂质、高纤维、高维生素含量的特性和特殊的降血压、降血糖、抗菌消炎、抗肿瘤、强心等功效，被誉为"生命之树，神奇之树"。

国际市场上，辣木行业国际市场份额占比小，贸易主要涉及辣木籽。国际辣木籽贸易主要以非洲、印度、东南亚的产地输出为主。预计每年 1 万吨左右，属于小众农产品贸易。但仅近年来有上市趋势。印度是辣木籽最大出口国，占世界辣木籽出口总量的 90% 以上。

我国辣木种植面积约 4 000 公顷，其中云南省约 2 800 公顷，约占全国 70%；四川、福建、广东、重庆、湖南、广西等地也有种植。总体看，辣木的种植及开发利用在国内仍处于初级阶段，尚未形成规模化产业发展态势。

国内辣木籽进口贸易每年为 200~500 吨（中国出口辣木籽极少，目前主要进口）。2019 年我国辣木籽进口规模呈上升趋势。

二、重大需求

特色加工产业重大需求主要集中在以下诸多方面：节能降耗绿色加工技术；

提高特色产品附加值；提高源头产品质量，建立质量监控体系以杜绝掺假等为共性需求。

（一）蜂产品加工

1. 天然成熟蜂蜜优质高产技术

随着人们对蜂蜜需求量的增大，加工厂商为了提高效益，从蜂农手中收购未封盖的稀薄花蜜，在加工厂真空浓缩。人为缩短了蜂蜜在蜂群中的自然熟化过程，这种"蜂蜜"在酶的种类、微量元素含量等指标上比自然成熟蜜少，其抑菌、抗氧化、抗炎等功效也大不如自然成熟蜜。国际蜂联于 2019 年 1 月发布了《针对伪劣蜂蜜的声明》，将浓缩蜜归为伪劣产品，不得称作蜂蜜或混合蜂蜜，而加以抵制。

2. 建立质量可追溯体系，加强卫生监管，提升我国出口蜂蜜质量与国际竞争力

质量是企业生存之本，是提升国际竞争力的核心要素。但目前，质量问题一直是困扰我国蜂蜜出口的主要问题之一。为了提高出口蜂产品质量，进一步加强管理，我国应建立出口蜂蜜质量可追溯体系。实现蜂蜜从采蜜、加工到包装、配送等环节全方位的质量监控，通过信息技术，使消费者能够查询蜂蜜产地、加工等各环节信息。食品卫生监督机构对蜂蜜生产企业应加强经常性、不定期性卫生监督，根据需要无偿抽取样品进行检验，并向全社会及时公布检验结果。

3. 推行"公司+基地+农户"的模式，全方位提升蜂蜜产品质量

欧盟、日本、美国等蜂蜜进口国对蜂蜜药残检测标准日益严苛，给我国蜂蜜出口企业生存带来挑战。由此，蜂蜜出口企业必须全方位、全过程提升出口蜂蜜的质量。结合我国蜂蜜生产的实际情况，推行"公司+ 基地+ 农户"的生产模式，逐步使蜂蜜生产规范化，提升蜂蜜产品质量。

4. 构建蜂产品产业科技创新体系

我国蜂业发展必须走创新之路。科技创新，在近年来的蜂蜜发展历程中，起到了至关重要的推动作用。然而当前的蜂产品生产还是以粗放型增长为主，还没有建立起真正的蜂产品产业科技创新体系。我国蜂产品科技未来发展的方向，是研发具有自主知识产权的多样化蜂产品新产品。增强创新意识、提升创新能力，研发蜂产品多样化制造技术。

5. 蜂产品科研需求

蜂产品贮藏加工过程中品质变化机制与控制，如蜂花粉的初加工和蜂王浆的

保鲜；蜂产品活性成分提取与鉴定、蜂产品营养功能评价等研究；从技术层面解决蜂产品品相、品质和品味的提升问题，制定相关标准，从而全面地提高蜂产品的附加值。

（二）人参加工

1. 需要明确市场监管

市场监管部门只管理药品、保健品、食品、日化用品等工业品质量、商标侵权等问题；作为初级加工农产品农委、协会没有执法依据。检测标准模糊：统一性、全面性、准确性不够；追溯体系建设刚起步，人参价格调控机制不完善。

2. 需要从源头抓起，即种植环节严禁大量采收低龄人参

前期种植环节无序发展，导致大量低龄人参作货上市，价格下行压力较大，人参产业发展环境面临严峻挑战。

一方面，现阶段许多部门想涉足人参产业的研究和管理，但是，没有一家真正掌握人参产业发展的准确数据。另一方面，现阶段我国人参产业在产量上占据世界"老大"的地位，但面临的发展环境日趋严峻。从内部来看，天然林禁伐，参地资源危机，大面积推广非林地栽参已成定局，因此，更需要从源头抓起。

3. 林下种植环节急需有效监管

由于林下参没有严格按标准执行，产品质量堪忧。人参的国家标准和药典不统一，标准体系建立了，标准有了，但没有监督体系，没有执法体系。

（三）糖业加工

1. 推进糖料生产良种良法，提高单产和含糖率

目前我国产糖率整体为 11.8%，其中，云南 12.8%，广西 11.9%，广东 9.5%，甜菜糖 12.66%，甘蔗宿根性较差，2018/2019 年榨季，我国甘蔗新植面积占种植总面积的 39.0%，而 2 年以上宿根蔗面积占比只有 9.7%，71.4% 的甘蔗只有一年宿根甚至是需要每年翻种。

我国应全面落实《糖料蔗主产区生产发展规划（2015—2020 年）》，通过综合施策，使全国糖料含糖分平均提高 0.3~0.5 度，单产平均提高 0.5~0.8 吨。

2. 推进糖料生产机械化，降低种植成本

目前，我国糖料种植的基础条件未有实质性改善，机械化程度依旧偏低。由于我国 70% 以上的甘蔗种植在坡地和丘陵地带，蔗地不规则、坡度大、机耕道路不完善、种植行距不一等，不适应甘蔗收获机械化作业的要求；另外，由于传统

的小户经营模式，甘蔗种植规模小且一地多户，种植规模化程度低，不适应大型收获机械进行规模化作业。

急需依托各地科研院所，着力解决关键技术研发攻关，综合考虑地形地貌、经营规模、机具作业效率等因素，因地制宜地推进大型、中型、小型等不同类型机械研发。通过国家、农机制造商和制糖企业的共同努力，到 2022 年使甘蔗机播率由 40% 提高到 70%，甘蔗机收率由 4% 提高到 20%；甜菜机播率由 80% 提高到 98% 以上，甜菜机收率由 60% 提高到 90%。

3. 推行绿色制造技术，降低能耗和污染排放

从原料预处理、压榨（渗出）提汁、澄清过滤、加热蒸发、煮炼助晶、分蜜包装以及锅炉发电生产全过程推广实施一批绿色制造新技术新装备，加大节能、节水和污染排放技术改造的步伐，力争到 2022 年，通过推行绿色制造技术，全行业百吨糖料能耗下降 10%，吨糖料耗水下降 20%，吨糖 COD 排放下降 30%。

（四）中药及药食同源

1. 急需制定中药材产地加工标准以规范产地加工

中药材产地加工方法因其品种繁多，在采收后进行产地加工的方法也各有不同。传统的加工方法包括拣选、清洗、切片、蒸、煮、烫、硫熏、撞、揉搓、剥皮、发汗、干燥等诸多方法。

繁杂多样的产地加工方法造成了药材产地加工方法混乱，缺乏统一标准，亟待加强监管。

2. 急需建立药材质量监督控制体系

药材的干燥环节，传统靠太阳晒干、效率低下。大型烘干机用电成本高，难以被广大农户接受。为防止霉变和腐烂，大多数农户采用硫黄浸泡烘干或硫黄燃烧密闭烘烤，如山药、贝母、白芷等药材的产地加工采用硫黄熏，易造成二氧化硫残留量超标，此外，加工时染色、增重、掺假等，严重影响药材质量。急需建立药材质量监督控制体系。

（五）麻类加工

麻类生产过程中除了收获纤维以外，还产生了秸秆、花叶等大量农业副产品，并以年均 5%~10% 的速度不断增加。

1. 麻类废弃物资源化利用的需求

目前，麻类废弃物资源化利用层次结构不清晰、宣传力度不够、实施技术单

一、产业化程度低和推广应用有限等问题，亟须进一步加强和完善。

2. **麻类废弃物的梯次化开发利用**

麻类废弃物特性和功能的多样性决定了其利用必须通过梯次化的途径。秸秆等农业废弃物中含有丰富的纤维素；而纤维素具有可再生、可完全生物降解、生物相容性好等优点，是理想的石化能源及副产物的替代品；可持续的高分子纤维素还可以进一步制备成纤维素膜、水凝胶、纳米纤维素、超强木材等新材料。

3. **麻类废弃物营养和活性物质的开发利用**

麻类废弃物中还能提取诸多营养和活性物质，用作医药产品、生产食品、饲料添加剂、化妆品原料及其他精深加工产品。如工业大麻籽含有丰富的油脂、蛋白质、碳水化合物、膳食纤维、微量元素及维生素，工业大麻花叶中含有较高的CBD，具有阻断乳腺癌转移、治疗癫痫、抗类风湿关节炎、抗失眠等一系列生理活性功能等。具有很高的营养价值和药用价值。

（六）辣木加工

1. **增加辣木产业宣传，提高辣木产业知名度**

辣木产业是一个新兴的产业，还处于市场培育阶段。近年来，由于辣木产品市场混乱、产品价格虚高、消费者认知度低、过度和不实宣传等原因，造成产品滞销、原料价格下降、种植面积锐减等问题，由产品市场影响到辣木整个产业链，辣木产业正处于低迷时期。

针对上述问题，要努力通过研发专业中心与企业的联合，挖掘辣木对人类健康和其他方面的功效，鼓励辣木企业研发、改进新产品，打开消费者市场。

2. **研发高附加值深加工辣木产品**

农业产业的发展离不开政府引导、企业主导、农户参与和科技支撑。

辣木作为外来物种，得到我国和古巴国家领导人的高度重视，在我国，农业农村部的大力支持，政府层面上的引导显而易见，但是作为产业，其发展还处于初创阶段。农业要产业化，产业要规模化，规模要品牌化，品牌要市场化。实现辣木产业的跨越式发展，目前的瓶颈问题还是缺乏市场接受程度高的高附加值深加工辣木产品。虽然已经有一部分企业在进行辣木产品的开发与研究，但是仍然存在许多问题亟待解决。

3. **大力开展科学研究，提高科技支撑能力**

目前，对辣木产品开发的科技支撑力量严重不足。国内目前参与辣木产品开发的企业是小微企业为主，缺少人才和技术积累，从事辣木专业的科研人员少、辣木科研经费投入少，开发的产品档次低、科技含量少、功能效果差，诸多因素直接限制了辣木产品开发与技术推广。

辣木全株的不同器官均可被利用开发，最主要的利用部位是鲜条、叶子和种子，但目前只有辣木叶被农业农村部批准为食品新原料，鲜条和种子只能从其他方面进行产品开发。

辣木产品可开发成营养食品、饮料、保健品、化妆品和饲料五大产品系列，但目前多见于低端营养食品、化妆品两类产品，附加值低，经济效益差。

第二节　重大科技进展

（一）蜂行业

蜂产品（主要是蜂蜜、蜂王浆、蜂胶和蜂花粉）作为重要的保健品，其生物学活性一直是研究的热点。

1. 蜂蜜

蜂蜜药理活性的研究逐渐关注于抗癌活性，并且发现蜂蜜可以作为一种天然补充剂来预防癌症。对蜂蜜成分的研究中，研究人员不仅探究蜂蜜中的未知成分，还聚焦于蜂蜜来源鉴别与掺假，尤其我国科研人员在蜂蜜的研究上作出了巨大的贡献。

2. 蜂王浆

在蜂王浆的理化性质、质量控制和生物学活性等多个研究领域都有着不错的进展。2019 年的研究从蜂王浆蛋白糖基化和蜂王浆糖组分的方向为蜂王浆质控研究提出了新的思路；同时农药残留仍是蜂王浆质量控制研究的重点。蜂王浆生物学活性的研究主要集中在蜂王浆主蛋白的功能上，显示蜂王浆功能研究的研究对象已经逐步从蜂王浆迈入到蜂王浆功能活性组分；蜂王浆在神经系统的作用仍是功能研究的重点。

3. 蜂花粉

蜂花粉的开发利用程度不高。蜂花粉的研究主要集中在营养与功能方面。如茶花粉的多酚类成分与抗炎作用；首次鉴定出蜂花粉中的九大类脂质，在蜂花粉中磷脂与不饱和脂肪酸的保健价值方面取得重大进展；在蜂花粉发酵、破壁工艺等方面也有重大进展，并发现破壁更有利于蜂花粉中的营养成分的转化，而酵母发酵是获得更高营养价值蜂花粉产品的潜在有效方法。

4. 蜂胶

在蜂胶生物学活性、化学成分、胶源植物、提取加工和开发利用等方面的研究取得重大进展。

（二）人参行业

黑参加工工艺及其质量标准项目达到国家先进水平，加工时间缩短 80%；人参挥发油富集关键技术研究获得突破；人参治疗癌症靶向机理获得突破；人参皂苷 Rg2、人参皂苷 Rg3、人参皂苷 Rg5、人参皂苷 Rh1、人参皂苷 Rh2、PPT、PPD、人参多糖、人参多肽、人参蛋白等活性成分的研究趋于成熟。

（三）糖业

1. 重要科技进展

（1）粤糖系列多个品种及技术入选主推项目

广东省生物工程所 4 个甘蔗品种和 3 项技术入选 2019 年广东省农业主导品种和主推技术：广东省生物工程所申报的 4 个甘蔗品种和 3 项技术被列入推荐名单。其中：粤糖 08-196、粤糖 07-913、粤糖 09-13 为近年来通过国家或省级农作物品种审定（鉴定）的甘蔗新品种，性状优良，增产显著；"南方高秆作物农用化学品减量化关键技术""性诱剂为核心的甘蔗螟虫系统控制关键技术""生物降解地膜及覆盖栽培技术"均为环境友好型农业技术，其应用可大幅度减少肥料、农药等农用化学品投入量，对促进我省农业的提质增效将起到积极作用。

（2）基于时钟模型法的甘蔗发育模拟模型的建立

基于作物发育动力学理论模型和时钟模型方法的原理，构建了甘蔗发育模拟模型（SDSM），模拟了新植甘蔗和多年生甘蔗的不同发育阶段。新植甘蔗各发育阶段的 NRMSE 为 5.2%~26.3%，模拟结果和实测值的 RMSE 为播种至出苗阶段8.1 天，出苗至分蘖 7.4 天，分蘖至茎伸长 4.6 天，茎伸长至技术成熟 7.4 天。多年生甘蔗各发育阶段的 NRMSE 值为 6.5%~21.7%，模拟结果和实测值的RMSE 值为：技术成熟至再生期 8.8 天，再生至分蘖期 8.7 天，分蘖至茎伸长期7.6 天，茎伸长至技术成熟期 9.9 天，模拟值与实测值具有很好的一致性和相关性。

（3）甘蔗内生菌分离鉴定及功能多样性研究

采用稀释涂板法分离并结合形态观察和分子标记（gyrB，rpoB，ITS，16S rD-NA）进行鉴定，研究了甘蔗内生菌多样性组成及相关特性。结果表明，从 12 个栽培品种（系）和 5 个野生种中共分离到细菌 589 株、放线菌 34 株和真菌 46 株；细菌中固氮菌有 41 株，溶磷菌有 98 株，解钾菌有 52 株，对黄曲霉和禾谷镰刀菌具有拮抗作用分别有 44 株和 35 株。结果显示甘蔗栽培品种（系）和野生种无性系均含有丰富的内生菌资源，且栽培品种（系）所含内生菌在数量和多样性上均高于野生种无性系。通过初步的功能鉴定，筛选出一些具有应用潜力的益生微生物，为开发相应功能的生物菌剂奠定基础。

2. 重要技术突破

（1）广西"以虫治虫"绿色防控成效明显

小小甘蔗螟虫，是糖料蔗生产的第一大害虫。广西作为我国第一大产糖省份，如防治不当，可造成每亩糖料蔗减产 10%～30%，糖分下降造成每亩产值损失 3%～5%。近年来广西甘蔗年均发生螟虫为害面积达 995.42 万亩次，高强度地使用化学农药防治，对生态环境造成了很大的破坏。广西植保站与南宁合一生物防治公司合作，在全国创新示范推广释放赤眼蜂防治甘蔗螟虫，达到"以虫治虫"生物防治目的。这一技术就是早春时把培育出来的赤眼蜂释放到甘蔗地里，通过捕食或寄生持续有效地控制螟虫为害。实践数据表明，利用赤眼蜂"以虫治虫"效果优于常规农药防治区，其中甘蔗螟害节率平均降低 45%，平均每亩增产 1.18 吨，糖分平均提高 0.71 个百分点，蔗农每亩平均增收 531 元。

（2）制糖副产品综合利用新途径

甘蔗渣是甘蔗加工业的一种主要且丰富的副产品，其丰富的资源含量使其成为生产各种增值产品的理想原料。如通过改变化学物质和反应条件，可以制备大量微晶纤维素。使用经离子液体或稀硫酸预处理的甘蔗渣和秸秆混合物，得到优化聚合度为 2～6 的用于生产低聚木糖的商业半纤维素酶浓度。通过同步糖化发酵过程进行了建模和优化，利用改进的 Gompertz 模型分别评价了优化条件下酿酒酵母细胞生长和乙醇形成的动力学，得到改进的 Gompertz 模型给出的最大生物乙醇浓度和最大生物乙醇生产率分别为 3.12 克/升和 0.29 ［克／（升·时）］，证明了甘蔗废料通过适当工艺用于生物燃料生产的潜力。

（四）中药及药食同源

1. 现代干燥技术的应用

目前中药材产地加工现代干燥技术主要有热风干燥、太阳能干燥、远红外干燥、微波干燥、真空冷冻干燥、高压电场干燥等优于传统加工技术的现代化方法，例如：中药材北沙参在利用传统和现代方法进行产地加工，通过外观比较，微波干燥与冷冻干燥所得到的北沙参成品外观形状优于烘干和晒干得到的北沙参成品。

2. 微波干燥与真空冷冻联合干燥保护药材品质

中药材现代加工技术大大提升了产地加工的效率，可最大限度地保存药用有效成分的活性，较好地保持药材的外观品质、颜色、气味，脱水彻底且可以多种干燥方法组合使用。例如：在中药材中，微波干燥与真空冷冻联合干燥应用于人参、山药等，较好地保持了药材的有效成分，同时提高了贮存、运输和食用的方便性。

3. 加工与炮制一体化使药材质量稳定

中药材秦皮产地加工与炮制一体化的生产方式，解决了饮片传统生产方式中原料药材软化时间长且软化程度不一致导致饮片质量不稳定的问题以及晒干药材粗皮难以去处的问题，并且大大缩短了加工周期。

4. 微生物发酵增强疗效

微生物发酵是药食同源植物炮制方法之一，微生物发酵比一般物理方法处理更高效，其在医药领域中主要起到增强疗效和改变药性方面的作用。微生物发酵药食同源植物可改变产物的药性。2019 年有很多基于微生物发酵来提高食药同源功效因子的作用的研究也取得了一定的研究进展。另外，基于对于肠道微生态的影响，在食药同源中药材的开发中也取得了一定突破，如灵芝等可以与肠道菌群中的某些菌株发生影响作用，可以通过调控食药同源饮食来达到对于肠道中的优势菌群的选择压力，进而改善肠道微生态平衡和机体健康，发展出基于食药同源–菌群营养学和研发出相关精深加工的靶向功能食品。

（五）麻类

"高效节能清洁型麻类工厂化生物脱胶技术"荣获中国农业科学院杰出创新奖。该套技术首次选育到麻类脱胶广谱性高效菌株；创立高效菌剂制备方法并首次阐明生物脱胶作用机理；整体发明麻类工厂化生物脱胶工艺与关键设备，并实现工业废水达标排放。能够解决传统的沤麻和化学脱胶方法存在环境污染严重等突出问题，从而突破目前麻类产业发展瓶颈。该成果整体技术具有节能、减排、降耗、资源高效利用等特点，总能耗节省 66%，无机和有机污染物处理负荷减轻 96% 和 95%，废气废渣排放量减少 70%，生产成本降低 21%，纤维资源利用率提高 47%，目前已在 13 家企业推广应用，建成示范工程 5 个，应用规模占全国麻类工厂化脱胶产能 36%。

（六）辣木产业

1. 建立辣木天然产物数据库

利用植物化学分析等方法获得辣木提取物不同极性部位，并进行相应极性部位的单体化合物的分离、纯化和鉴定，初步建立辣木天然产物数据库。

（1）异硫氰酸苄酯

（2）辣木叶酸

（3）辣木功效因子提取、分离及功能作用研究

（4）辣木叶石油醚部位

（5）紫云英苷的提取与鉴定

2. 辣木功效因子对机体的健康作用及其机制研究

利用分子生物学等技术手段，结合细胞模型和实验动物模型，从基因水平和蛋白水平上研究辣木对机体的健康功效，并阐明其分子作用机制，为辣木功能性食品开发提供理论基础。

（1）化合物相关靶点的预测

应用网络药理学的先验知识，通过数据库检索和模拟分子对接，寻找分离得到的辣木中化合物 α-托可醌的作用靶点为雄皮质激素受体、雌皮质激素受体和糖皮质激素受体，为下一步药理活性筛选提供依据。

（2）辣木异硫氰酸酯

从辣木籽中酶解提取 4-α-L-鼠李糖基-异硫氰酸苄酯 $\{4-[(\alpha-L-rhamnosyloxy)benzyl]isothiocyanate, GMG-ITC\}$，辣木籽中 GMG-ITC 对各类型疾病作用机制仍有待深入研究，而目前对 GMG-ITC 的提取分离主要通过反复的色谱层析及高效液相色谱法分离得到，产率较低，且如何大量且高纯度制备该化合物的报道尚无。

对辣木异硫氰酸酯的抗癌作用细胞株（31 种）进行了筛查，发现了最佳的作用细胞株为肾癌（ACHN）细胞，其次分别为黑色素瘤及多种乳腺癌、结肠癌细胞株。

（3）提取物对脂质代谢的影响及可能机制

天然辣木的药用成分、药用价值一直受到国内外学者的重视。我们前期的研究发现辣木具有降低高脂模型小鼠血清总胆固醇及甘油三酯的作用，但是目前辣木调控脂质代谢的确切物质基础和活性机制仍未被揭示。探讨辣木叶提取物对脂质代谢的影响及可能机制。在细胞水平，通过运用 MTT 检测、油红 O 染色、TG

含量检测、实时荧光定量 PCR 和 Western Blot 等方法，明确了辣木叶提取物的降脂作用及机制。

在动物水平，通过用辣木石油醚提取物灌喂高脂饮食小鼠，检测高脂饮食小鼠体重的变化、血清生化指标、肝脏脂滴大小、附睾脂肪细胞大小、脂肪合成和分解相关基因及蛋白的表达，发现辣木叶提取物显著降低高脂模型小鼠体重、脂肪重量、血清甘油三酯、总胆固醇等含量，降低与脂肪合成相关基因和蛋白的表达，提高脂肪分解相关基因和蛋白的表达，并且辣木叶调节脂代谢的这一作用与活化 AMPK 通路有关。此项研究将为辣木作为预防肥胖症的药物原料或保健食品的开发研究提供科学依据。

（4）辣木多酚缓解 DSS 诱导的小鼠结肠炎研究

本研究针对辣木多酚对葡聚糖硫酸钠（dextran sodium sulfate，DSS）诱导的小鼠结肠炎的缓解作用及其作用机制进行了初步探究，为新型 UC 保健食品的开发利用或新治疗药物的开发提供理论依据。

结果表明：①除正常对照组的体重没有明显变化外，其余小组体重均降低。辣木多酚干预后，雌雄鼠的疾病活动指数（DAI 评分）均低于模型组。②模型组小鼠结肠与正常对照组相比明显缩短。在雄鼠中，辣木多酚低剂量（$p<0.05$）和高剂量干预组（$p<0.01$）结肠长度与模型组相比明显增长；在雌鼠中，辣木多酚低剂量小鼠结肠与模型组相比没有显著差异，但多酚高剂量组比模型组结肠明显增长（$p<0.05$）。表明辣木多酚可以明显缓解 DSS 诱导的结肠缩短，且具有剂量依赖性。③血常规指标的聚类分析结果表明，与 DSS 模型组相比，辣木多酚干预后小鼠的血常规指标与正常组更相似。④H&E 染色结果显示，DSS 模型组结肠黏膜结构紊乱，部分隐窝变形或损坏；辣木多酚干预组结肠组织损坏程度明显减轻。

（5）辣木生物碱抗癌活性的深入研究

天然产物的抗肿瘤新药研发一直是近年来研究的热点，天然产物中的活性成分通过抑制增殖或诱导凋亡等方式杀死肿瘤细胞，临床常用的抗肿瘤药物紫杉醇、三尖杉等就是以天然产物为基础研发的。因此，寻找出一种低毒、高效的治疗 Pca 的天然产物具有重要意义。

在前期的研究中，以辣木生物碱为实验材料，利用 MTT 法筛选其对 11 种癌细胞（人非小细胞肺癌 A549 细胞、人宫颈癌 Hela 细胞、人表皮鳞状细胞癌 A431 细胞、人前列腺癌 PC3 细胞、人脑神经胶质瘤 U251 细胞、人肝癌 Hep-G2

细胞、十二指肠腺癌 Huto80 细胞、人结肠癌 SW620 细胞、人乳腺癌 MDA-MB-231 细胞、人恶性黑色素瘤 A375 细胞和人涎腺腺样囊性癌 ACC2 细胞）的生长抑制作用。研究发现，PC3 细胞对辣木生物碱的抗癌活性较为敏感，且低剂量辣木生物碱（25 克/毫升）处理 PC3 细胞 48 小时后，细胞存活率显著降低，其半数致死剂量为 95.95 克/毫升。为了深入研究辣木生物碱抑制 PC3 细胞增殖和迁移的分子机制，我们通过克隆形成实验、流式细胞术、western blot、免疫荧光等方法和异种移植瘤小鼠模型，从细胞水平和动物水平明确了辣木生物碱对 PC3 细胞增殖、凋亡、细胞周期和迁移的抑制作用，并且阐明了辣木生物碱抑制 PC3 细胞生长和迁移的分子机制，该研究为辣木生物碱抗癌活性的深入研究及 PCa 的治疗提供基础数据。

（6）辣木润肠通便作用研究

辣木叶的通便和促进消化功能为人们熟知，然而，其治疗效果的功能基础仍不清楚。基于此，本课题组利用洛哌丁胺诱导的便秘模型小鼠，研究了辣木叶水提取物的润肠通便功效。

3. 研发辣木系列深加工产品

以市场消费为导向，辣木健康功效理论为基础，针对不同消费人群，利用现代食品加工工艺技术，开发系列辣木深加工产品，引领辣木产品深加工技术方向。

（1）辣木天然叶酸

辣木中天然叶酸具有含量高（1 360 微克/100 克）、生物利用度高（81.9%）的特点，是最好的天然叶酸来源，而世界上叶酸产品均为化合合成叶酸，会给人体健康带来潜在危害。利用植物化学分离纯化、微生物发酵等方法，研发世界上第一款辣木天然叶酸产品，对辣木天然叶酸产品进行科研成果转化及产业化开发，助推云南辣木大健康产业的快速发展。

（2）辣木天然有机钙

辣木富含蛋白质、维生素、矿物质和活性因子，特别是钙含量高达 2 500~3 000毫克/100 克，是牛奶的 25 倍，是天然钙最好的植物来源。利用微生物发酵工程技术、天然产物提取分离技术及现代食品加工技术等手段，以辣木叶为原料，利用其富含蛋白质、矿物质、维生素的特点，采用微生物发酵技术、现代食品加工技术等，通过多种微生物菌群阶段式发酵，提取辣木中的天然水溶性钙，制成辣木天然有机钙产品。产品加工过程改变了钙的赋存形态，形成多肽螯合钙、氨基酸螯合钙，避免钙离子受消化道内其他成分的影响形成不溶性沉淀，保证钙离子顺利到达钙吸收位点；同时，产品富含维生素 D_3、维生素 K_2，钙磷比例接近 2∶1，可促进钙吸收与骨沉积。

（3）辣木膳食纤维

辣木中富含膳食纤维，其膳食纤维含量可达 50%，在利用辣木叶粉通过微生物发酵技术制备辣木天然有机钙产品后，会产生大量的辣木渣副产物，利用辣木中残存微生物为菌种进行二次发酵制备辣木膳食纤维粗品，通过进一步添加辅料后经机械压片制备得到辣木膳食纤维含片。

（4）辣木活性肽

辣木是一种高钙、高蛋白、高纤维、低脂肪植物，而且含有丰富的矿物质、维生素和 19 种氨基酸，素有"神奇之树"的称号。辣木叶干粉中的蛋白质含量丰富，属于完全蛋白，且含量可达 27.6%，但水溶性蛋白含量只有 3%～4%，存在难降解、生物效价低、吸收困难的问题，因此，优化一种增加水溶性蛋白、提高辣木蛋白提取率的方法，研究并制备一款辣木蛋白多肽产品具有重要的现实意义。

（5）辣木高钙核桃乳

以去皮核桃仁、辣木叶为原料，利用发酵技术提取辣木有机钙，开发一款富含辣木有机钙的核桃乳饮料，并在单因素实验的基础上通过响应面法优化辣木高钙核桃乳加工工艺配方。此研究可为核桃新产品开发提供技术支撑。以上成果以《辣木高钙核桃乳制备工艺》为题，发表在《食品与发酵工业》杂志上。已申请发明专利"一种辣木钙提取及辣木高钙核桃乳饮料制备方法（CN201910484988.6）"。

（6）辣木睡眠酵素

辣木酵素是利用微生物对鲜辣木叶汁发酵制成，辣木酵素富含伽马氨基丁酸，伽马氨基丁酸是中枢神经系统中很重要的抑制性神经递质，它是一种天然存在的非蛋白组成氨基酸，具有极其重要的生理功能，可以让亢奋的脑细胞休息，抑制神经细胞过度兴奋，因此辣木酵素具有助睡眠的健康功效。

（7）辣木核桃蛋白能量棒

课题组就"超级食材"——辣木做了深入研究，发现辣木全营养、更具减肥、润肠通便等功效。所以课题组以辣木为原料，与优质植物蛋白——核桃蛋白互配，通过糖基化改性技术促进蛋白融合，添加麦芽糖浆、枫叶糖浆等食品添加剂，制作过程全部采用冷加工，保留食材原有的营养成分不变，物理研磨、挤压成棒状。吃起来软而不黏，略有嚼劲，口感尚佳，具有加速使疲劳肌肉恢复、促进肌肉蛋白合成的作用。

（8）辣木促排便减肥产品

以辣木叶为原料，采用超声波辅助萃取技术，将辣木中的活性成分采用水溶液浸提出来，以辣木水提成分促排便活力为参考，确定了最佳的提取工艺；经冷冻干燥，将水提物加工制备成干粉，同时最大程度保留辣木提取中主要促排便活性成分，选择具有促进排便作用的荷叶粉、罗汉果粉为主要辅料，添加少量益生菌粉进一步改善肠道菌群平衡，开发了一款口感较佳、风味独特的辣木促排便减肥产品。

（9）辣木茶

辣木茶是辣木产品的最初级加工产品，是以辣木花、辣木嫩叶、成品茶叶为原料，按辣木叶：成品茶叶＝1：（3～4）的重量比例混合，经冷冻干燥或热力干燥制成辣木茶。冲泡饮用，夏饮清热解暑解毒，秋饮去余热，冬饮滋补身体。

（10）辣木蛋白平衡酸奶

产品充分利用的植物蛋白与动物蛋白混合食用，实现优势互补，在微生物发酵过程中产生不同分子量、不同活性的小分子肽，可弥补动物蛋白与植物蛋白的氨基酸组成及配比的差异，丰富人体必需氨基酸的种类与含量，更好地满足人体需求。同时辣木富含丰富的营养素，产品营养价值更高。加工过程采用了冷冻干燥技术，最大限度地保留了了产品的活菌数。创新集成"辣木叶酸酸奶中试生产线"，日产酸奶达到 800 千克以上。

4. 合作交流与成果

（1）"辣木产业关键技术创新与应用"获得云南省科技进步一等奖

2019 年 4 月 8 日，李玉院士、李天来院士、金宁一院士、陈剑平院士等专家组成专家委员会对成果进行评价，一致认为：项目研究成果创新性突出，经济、社会和生态效益显著，成果总体达到国际领先水平。

（2）"辣木叶加工技术规程"行业标准获得农业农村部批准

（3）获批两项国家基金

"基于增加抗原提呈打破免疫耐受的辣木叶凝集素在过敏中的作用机制""基于组学技术的辣木籽肽 MOp2 对 *S. aureus* 的抑菌机制研究"获批国家基金。

第三节 重大发展趋势研判

绿色、营养、健康将是我国特色加工科技创新发展的必然趋势。根据我国当前特色加工产业实际、产业需求和发展趋势，高值化、绿色化、智能化、全产业链以及多元化发展将是我国特色加工科技创新的方向。

1. 提高附加值

围绕特色产品初加工、精深加工、资源综合利用三个重要环节，提高加工效能和利用率，开发绿色、安全、营养、美味的新产品，使古老的特色行业焕发青春，实现特色产品及其副产品的高值化综合利用，是今后产业追求的重要方向。

2. 绿色化

高效低碳制冷新技术、绿色初加工保鲜新方法、环境友好包装新材料，污染物减排、添加剂减量新技术，构建特色产品绿色、高效、低碳加工技术体系，都将成为发展方向。

3. 延伸特色产业链，提升特色价值链

打造包括科技资源在内的多要素汇集的载体，挖掘特色资源；打造特色产业和特色平台；创建区域特色品牌，并将文化要素融入其中，使之具备文化内涵。引入市场机制，延伸产业链，提升价值链，壮大特色产业。

总之，特色产业的科技支撑一定要跳出产业看产业，跳出区域看全局，要将种植、养殖、加工作为一个系统综合考虑，从循环农业入手，做好特色产业的布局和规划，这必将成为特色产业的发展方向。

第四节 "十四五" 重大科技任务

针对我国特色产业发展现状和重大科技需求，基于对未来重大发展趋势的研判，"十四五" 期间特色加工业科技创新应聚焦以下几方面。

一、蜂行业

（一）天然成熟蜂蜜优质高产技术

蜂群的春繁技术，在蜜源花期来临之前奠定强群基础，储备充足的适龄采集蜂；成熟蜂蜜生产技术，优化出合理的成熟蜂蜜生产和质量控制方法，同时建设成熟蜂蜜的室内生产线，为成熟蜂蜜的生产进一步提供保障；蜂群秋繁技术，优化出适宜北京地区地域和气候特点的秋繁技术体系，为蜂群的安全越冬以及第二年的荆条成熟蜜生产提供保障。

（二）蜂产品贮藏加工的关键技术和设备的研发

应用高效节能型组合干燥、非热加工、CCD 色选等技术，研究蜂花粉贮藏加工过程中品质劣变的控制技术；应用非热加工、真空浓缩、香气成分回收等技术，研究蜂蜜贮藏加工过程中品质劣变的控制技术；应用低温快速解冻、高效过滤、微胶囊等技术，研究蜂王浆贮藏加工过程中品质劣变的控制技术。在此基础上，优化和设计蜂花粉、蜂蜜、蜂王浆加工新工艺和装备。

（三）蜂产品营养功能评价和高值化利用

针对主要蜂产品部分功能因子不明确，作用机理不清楚等问题，从细胞生物学、分子生物学和动物水平上，开展增强免疫力、抗氧化、辅助降血糖、辅助降血脂等功能评价技术研究，对蜂产品中多酚、蛋白质等活性成分进行高通量筛选，解析量效关系和构效关系，明确功能因子的作用靶点，阐明其代谢途径和作用机理，为蜂产品的研制提供理论依据。

二、人参行业

（一）加强人参种植的科学化，积极推进人参产业的绿色化发展

一是要切实加强参地资源管理，坚决不走伐林栽参的老路；二是整合人参种植业资源，加强人参绿色规范化（GAP）生产示范基地建设。重点推广人参优良新品种，建立千亩种源繁育基地，解决人参生产无良种的问题；开发人参专用生物农药和专用生物肥，解决人参农药残留偏高问题；规范栽培技术，建立万亩规范化生产示范基地，解决人参有效成分含量不稳的问题，保证人参的安全性、有效性和质量稳定性。

（二）调整优化人参产业组织结构，加强骨干企业和产业集群培育

要做大做强做优中国人参产业，就必须做到：一是鼓励优势企业实施兼并重组。支持人参研发和生产、人参制造和流通企业之间的上下游整合，完善产业链，提高资源配置效率。二是大力培育骨干企业。加快培育形成一批具有资源集聚力、市场竞争力、行业影响力的龙头企业，鼓励大型骨干企业加强人参新品种研发、市场营销和品牌建设。三是强化制度建设，规范加工生产管理。

（三）建立健全人参市场体系，建立人参市场的集散中心市场群

一是以万良、通化、延吉三地人参市场为主体，建立人参市场的集散中心市场群。功能由过去的人流带物流的模式向信息流带物流的方向转变。二是建设人参产品展销中心、人参质量检验检测中心、电子交易中心、仓储配送中心、价格信息发布中心，全力打造世界人参集散地。三是建设专业从事人参产品现货电子盘交易与资讯发布的整合服务平台，逐渐实现由远期现货交易向期货交易方向发展。四是发挥产业联盟作用，加快一、二、三产业的深度融合。

（四）积极推进人参品牌建设

一是以中国人参品牌为核心，建设覆盖全国的人参网络交易平台。利用各类媒体宣传、介绍中国人参产业、产品、文化和加工企业，全方位开辟和扩大市场，提高中国人参产业的市场知名度和市场占有率。

二是以创新点亮中国人参品牌。宣传一定要有创意。有创意还要加大创意的宣传力度，并在政策上给予一定的扶持。对有发展前景的企业和产品积极进行推介，帮助企业顺利进行申报。

三是以质量提升人参品牌。加强品牌产品培育。依托人参产业基础和龙头企业，引导企业与科研部门、大专院校合作，强化对人参医药、保健品、食品的研制和开发，支持企业进行新产品的自主研发，不断提高人参的深度开发能力，夯实品牌建设的基础。

四是以文化涵养人参品牌。制作《中国人参白皮书》，从种植生产、加工、消费、进出口和国家政策等方面全方位宣传推介人参品牌，使之成为国家战略。

（五）加强人参产业创新体系的顶层设计，补齐人参产业由大到强的短板

一是围绕产业链构建创新链，围绕制约人参产业发展的关键核心技术，制定技术路线图和技术发展指南。实施重大科技专项技术攻关，争取部分项目列入国家重大科技专项和计划。

二是根据市场需要，拓宽人参制品开发领域（如化妆品、保健品、国家级新药等），重点开发几个拳头产品，争取开发一个打响一个，创造巨大的经济效益和社会效益。加强开发人参现代加工工艺，对重大关键技术进行联合攻关、精准攻关，实现人参深加工技术的重大突破。

三是探讨鲜人参加工工程中温湿度变化参数和人参体内水分、酶活性、人参皂苷转化等参数，对加工中的温湿度实行自动化数据采集、传输和处理，改革传统的加工工艺，解决加工中"红皮""抽沟""青支"等质量问题。

四是鼓励企业加大研发投入。确立企业技术创新的主体地位，加大科技投入力度，开发深层次产品，扶持建设一批重点企业研究院，鼓励支持符合条件的重点企业研究院创建国家级企业技术中心。鼓励企业加大研发投入，支持企业申报科研项目，鼓励科研机构和高校面向企业共享科技资源。对于缺乏自主研发能力的企业，加大对其资金和政策上的支持，鼓励其与科研单位建立长期稳定的协作关系，采取委托研发、联合研发、科技成果转让等多种形式，集中力量创新加工工艺，提高产品科技含量。鼓励企业进行商业模式创新。

五是加快推进科技成果转化。各项科技计划应向人参产业倾斜，重点扶持一批人参重大科技成果转化项目。继续支持企业和高等院校、科研院所组建人参技术创新联盟。积极发动、推广认真落实企业技术创新的激励政策，从院所设立、成果评估、下游采购、企业推广和资本市场支持等多个角度推动科技成果市场转化力提升。

六是要加大力度对现有人参产品的质量标准进行再提升。建立人参种植标准化技术平台；建立人参产品的安全性评价技术平台；集聚省内外优秀的药学、毒理学、卫生防疫学、微生物学等方面的专家，共同研究规范人参食用和药用标准，争取成为人参产品国际标准的制定者和引领者。

（六）大力开展国际合作，强化招商引资和宣传推介

医药产业是人参产品深加工的主要环节。因此应以实施新版 GMP 为契机，结合企业破产重组，有针对性地引进域外企业通过兼并重组等方式投资人参产业，重点加强与国际 500 强和国际知名制药企业的引资和合作。

（七）加快人参产业标准体系建设

认真执行国家人参产业标准。编制人参产业标准体系建设规划，抓紧开展人参种植、加工技术规程和人参产品等国家标准、行业标准、地方标准、团体标准

制（修）订工作，研制、发布人参全产业链的国际化标准，完善人参标准体系。

三、糖业

（一）新型品种选育

利用生物融合技术，实现甘蔗与其他物种杂交，如玉米、高粱等。使茎含糖率进一步提升的同时还能发挥其他功效，如生产玉米、高粱等，从而保障国家食品安全。

（二）多层次利用糖原料开发多元化糖加工产品，打造食糖安全体系

1. 推进甘蔗多样性产业发展

引导和鼓励企业加强产学研用合作，推进甘蔗多样性产品研发和生产，引导甘蔗转向生产其他高附加值产品，进一步拓宽产业带、延伸产业链。一是发展生物化工产业，包括醇及醇的衍生物、有机酸及其衍生物、酯类及衍生物、高分子化合物及其他生物基化学品等；二是发展食品工业：包括功能性糖、功能性糖醇、酒类、饮料类、食品添加剂等；三是发展发酵工业：氨基酸产业（赖氨酸、谷氨酸），多糖产业（黄原胶、凝胶多糖）等。

2. 加快糖业循环经济发展

拓展循环经济与综合利用新领域。如蔗渣利用，除继续推进蔗渣生物质发电外，重点探索生产糠醛、木糖、木糖醇、阿拉伯糖等高附加值产品；糖蜜利用，以酒精为基础，深入开发高附加值化工产品；滤泥利用，着重加强滤泥环保处理，实现肥料还田；提高蔗叶、蔗梢综合利用水平。重点推进以养牛、食用菌、乳品、肉品加工、饲料加工等多个产业共同发展的生态农业循环经济产业链发展，促进农民增收。

（三）深入研究糖与人体健康、机体官能机理机制并开发一系列糖生物制品

糖是人体重要的能量输入性能源，除了供应人体所需的能量外，还与人体免疫、细胞运转等作用息息相关。由于大量摄入糖容易转化为脂肪会引发肥胖，增加糖尿病及心血管疾病的发病率，所以有必要对食糖与人体健康进行科学研究，实现科学用糖、健康食糖。糖类物质具有多方面和复杂的生物活性，如细胞间的通信、识别相互作用、细胞的运动与黏附、抗微生物的黏附与感染及调节机体免疫功能等作用。多糖还具有刺激造血干细胞、粒细胞、巨噬细胞集落和脊髓造血细胞的产生，所以它具有抗辐射提高白细胞的作用；很多多糖具有抗病毒、抗类

风湿关节炎的作用，但它们是通过哪种机制刺激机体反应、什么途径发挥抗炎症作用、什么通道发挥抗病毒、免疫调节等功效？这些都需要进行系统的科学研究并根据相关机理开发出功效更强的糖类衍生物。

四、中药及药食同源

（一）优化工艺，保证药效

中药材加工处理是一个较为复杂的过程，每个步骤都可能造成药效成分的流失。根据中药材处理操作规程，中药材在进行炮制加工前要保持药材的洁净，所以在中药材的清洗、浸泡过程中要避免与水产生化合作用，保留中药材中活性成分。炮制过程是使中药材发挥自身药效的重要步骤，炮制工艺的规范化和合理性是重要环节。在中药材粉碎方面，要控制粉碎的力度，使其控制在基准范围内。目前，超微粉碎技术在中药领域中的应用率最为明显，其具有的高效性和实用性较其他粉碎技术高出很多倍，可充分提高中药的利用价值和药用价值。

（二）科学发展，创新多元

药材从加工到炮制过程中，经过反复处理程序，势必会影响饮片有效成分的量。例如：干土茯苓药材要用水浸漂，在将其泡透的同时还要防止发臭，需要勤换水，夏日需每天换一次水。而且长时间的浸泡会造成有效成分的大量流失。

另外，传统中药材产地加工大多由各地药农分散进行，加工的药材质量因人而异。因此，药材加工技术的创新，可引入大型加工设备，随着高分辨快速分析仪器的普及，系统生物学技术的发展以及谱效结合质量评价模式的提出，蒙药材产地加工研究应该抛弃"找成分、测含量"的单一研究模式，转而采取"化学成分指标多元化""分析手段多元化""评价模式多元化"三者有机结合的多元化研究模式，充分利用系统生物学技术研究产地加工工艺对蒙药材质量和药性的影响，使研究层次深入到分子基因水平，夯实产地加工理论。

（三）加强基础研究、系统研究并验证一体化发展的合理性

对其药效部位、性质进行充分的掌握和了解，确保处理环节的科学性和实效性，揭示药材加工过程中化学成分、外观品质与药效活性的动态变化规律，为一体化的推行奠定理论基础。

（四）提高药材产地加工的机械化、规模化程度

随着国家越来越重视宣传和发展中医药，中医药的社会认可度越来越高，对

中药材的需求量与日俱增，随之而来中药材的种植规模也在逐渐扩大，但是传统加工方法的生产效率低下，无法满足规模化种植药材的加工需求。因此，要敢于对传统加工方法进行革新，注重引进新的加工技术，使产地加工走向机械化、产业化。同时，机械化生产能使生产工艺清晰、参数明确、药材质量稳定可控；机械化生产还是中药材产地初加工集约高效的良好开端，是中医药现代化的必然趋势。一体化的实施，可以将饮片厂直接建在药材种植集散地，将药材集中加工，可引入大型加工设备，提高产地加工的机械化、规模化程度，同时又可以保证药材质量均一、可控。

五、麻类

麻类、秸秆等非纤维素物质通过化学键镶嵌于细胞之间及细胞壁中，给植物纤维素的提取带来很大困难，传统的水沤或化学煮炼方法制约了产业发展，通过生物加工方法提取植物纤维及纤维素，有望破解行业发展瓶颈，具体内容如下。

①麻类在医用和护肤领域的多用途利用与开发；②研究微生物剥离农产品原料中非纤维素目标组分的复合酶作用机理；③研制用于纤维质农产品绿色加工的高效生物制剂 1 种，解决一般企业及农户不具有制备微生物的条件与技术问题；④研发植物纤维及纤维素的高效、节能、清洁型提取工艺及关键装备，并进行中试 1~2 次。

六、辣木

1. 推动辣木精深加工产品研发及示范推广

辣木营养丰富，富含维生素、蛋白质、钙、钾、铁等矿物质及多种药用成分，是一种药食同源植物。辣木属于新兴产业，在我国仍处于起步阶段，产学研结合不足，在行规制定、功效研究、产品研发等方面基础薄弱。针对辣木产品深加工技术严重不足的问题，重点突破辣木活性因子功效机理及产品深加工等核心技术；建立辣木天然产物数据库，研究辣木功能活性成分的健康功效，研发系列辣木精深加工产品；集成辣木深加工工艺技术，构建辣木中试化生产技术体系，利用微生物发酵工程等技术手段，研究益生菌发酵辣木叶粉的关键技术参数，构建辣木叶粉发酵的技术研发体系；与企业产学研合作，将辣木深加工产品进行科研成果转化及推广应用，为辣木产业化发展提供技术支撑。推进与合作企业的技术服务和产品开发，为企业提供科学技术指导，为广大消费者提供更多优质的、健康的辣木新产品，为辣木产业的发展提供有利的技术支持。

2. 天然活性成分提取关键技术及中试化基地建设

云南具有特殊的资源优势和环境优势，素有"植物王国""动物王国"和"微生物王国"之称，辣木天然活性成分提取技术及产业化开发研究不足，技术研发缓慢。本项目利用云南特色微生物资源，结合现代微生物发酵技术，基于云南辣木的营养特定，挖掘其健康功效因子，并将其功能活性成分进行转化和富集。运用微生物发酵技术对热带植物中的功能活性成分进行转化和富集后，通过现代食品加工技术，包括超临界萃取浓缩、超声波、超高压及微波辅助提取、膜分离（包括无机陶瓷膜、超滤、纳滤和反渗透等液体膜产品与技术）、新型吸附剂层析分离技术、真空冷冻干燥提取分离技术、微胶囊、超微粉碎、微波干燥、远红外干燥等食品高新技术，将富集后的活性成分有效提取、分离，实现进一步的纯化，并进一步优化工艺实现自动化控制和提高产品质量。同时，开展活性成分的稳定性及功能性研究，利用新型食品加工技术，如超高压微射流均质改性、超高温瞬时杀菌、环糊精包合技术、固体分散技术、磷脂复合技术、自乳化技术、脂质体技术以及近年来新兴的纳米技术，或通过生化、合成化学技术、定向设计与分子改造技术进行活性功能因子优化，如结构改造制成衍生物等，提高其生物利用度。根据天然活性成分特点形成建设中试化生产技术体系，完成基地建设及设备开发。项目可为辣木资源天然活性成分的提取、活化及工业化生产提供参考。

3. 开展精准营养与食疗科学的基础研究与应用开发

基于辣木生物资源，开展生物资源促进大健康产业发展研究，通过基因组、蛋白质组等组学技术和医学前沿技术，解析辣木对肿瘤、糖尿病等的抑制作用及其机理，为精确寻找到疾病的原因和治疗的靶点，最终实现对于疾病和特定患者进行个性化精准治疗奠定基础。最后，通过数据库平台的建立，为辣木生物资源的开发、利用和发展提供科学数据支撑。

4. 大数据是云南生物资源开发利用的趋势

云南发展辣木产业，要充分利用独特条件和最大优势，以保障生物产品供给和增加农民收入为主要目标，解决辣木产品的开发利用和深加工问题，实现可持续发展。开展生物资源开发利用项目，将有利于开展高原特色生物产品的科学利用和深加工研究，如辣木中有效成分在动物性食品中的保藏、调味增香、改善营养、提升品质等的机理和应用；辣木食品资源配伍、功能成分提取与应用、功能因子代谢与调控等的研究。通过开展辣木资源开发利用项目，以数据分析、数据挖掘、管理运营为核心，探索建设基于物联网、云计算、移动互联网的连续即时数据系统、在线视频系统，构建集资源查询统计、科研服务支持、生产销售决策、在线监控、产品追溯、质量控制和智慧农业管理为一体的在线辣木资源产业服务体系，加强基于优势和特色的数据挖掘，发挥政、产、学、研结合优势，为生物资源的种植养殖、生产加工、品牌塑造和市场营销提供解决方案，推动我省高原特色现代生物产业进一步做大做强。

5. 建立辣木大数据研究平台

在分子生物学、基因组学或其他学科方法的基础上，以建立基于微生物组大数据的食疗评价体系为重点，结合辣木生物资源、遗传、育种、生理、栽培、加工、活性物质、功效等方面深入研究，建设辣木发酵菌种开发平台、菌物-健康生活平台、菌物-分子遗传平台等组成的云南辣木大数据研发平台，对辣木资源进行研究和挖掘，将辣木功能食品治疗效果标准化。

第一节 产业现状与重大需求

2019 年，我国农产品加工装备制造业总体情况与 2018 年基本一致，经济增长稳中有变、变中有忧，市场有波动、经济有起伏；技术创新有力推动了行业技术升级，支撑了产业发展；外部环境复杂严峻，贸易保护主义，中美经贸摩擦加剧，给一些出口企业带来一定负面影响；企业负担较重、融资较难融资较贵、竞争环境仍在优化。

产业结构不断调整优化，农产品加工装备制造业在扩大市场有效供给过程中，高端技术装备供给依然不足，进口比重较大；低端技术装备产能过剩，多数为限制发展或销售不畅；中端技术装备市场量大面广，成为市场供应的主体。行业依然存在着结构性有效供给不平衡问题。通过创新驱动，规范市场秩序和企业行为，扩大有效供给能力，不断提高供给结构对需求结构的适应性。落后产能、低水平、低质量、低效能、不环保、不安全的技术装备，逐步被市场淘汰；技术先进、适应性强、自动化、智能化好的装备，已成为农产品加工装备制造业新的经济增长点。创新重点聚焦于提质、增效、环保、安全，整体突破关键技术瓶颈，努力向高速、高效、专业化、精准化、自动化和智能化方向发展。尤其是涉及百姓生活、一日三餐的主食加工装备、中央厨房装备得到快速发展，机械化、自动化、智能化成为当今主食加工企业的发展主流。为进一步推动行业健康发展，该行业正在加快产业转型升级，发扬"工匠精神"，加强品牌建设，增强产品竞争力，推动全行业高质量发展。

行业总体运行基本平稳、稳中有进，主要指标保持在合理区间，根据国家统计局抽查统计分析，2018 年我国农产品加工装备制造业主营业务收入为 1 184.94 亿元，同比增长 8.68%；主营业务成本为 944.73 亿元，同比增长 8.79%；利润总额为 86.34 亿元，同比增长 5.27%。在细分行业中，食品、酒、

饮料及茶生产专用设备和烟草生产专用设备制造业，其主营业务收入均超过
10%，为高速增长状态；饮食加工专用设备制造业为中高速增长状态。农副食品
加工专用设备和包装专用设备制造业均为低速增长，恰恰这两个领域正在大力推
行自动化、数字化、智能化为特征的产业升级。从利润情况看，除烟草分行业为
超高速增长外，其余分行业利润增长速度均低于主营业务收入，尤其是涉及百姓
一日三餐的饮食加工专用设备制造业利润最低。

进出口贸易总体发展向好，贸易逆差进一步扩大。据海关总署统计分析，
2018年我国农产品加工装备进口额为27.95亿美元，同比增长2.01%。其中，食
品机械进口额为8.84亿美元，同比增长-1.45%；包装机械进口额为19.10亿美
元，同比增长4.20%。2018年我国农产品加工装备出口额为43.60亿美元，继续
以出口亚洲为主，同比增长11.51%。其中，食品机械出口额为19.81亿美元，
同比增长18.20%；包装机械出口额为23.79亿美元，同比增长6.48%。

第二节　重大科技进展

在"十三五"有关国家重点研发计划专项的支持下，在有关企业和研究院
所科技人员的共同努力下，2019年一批农产品加工重点装备取得技术突破。

1. 创建了跨境食品品质与质量控制关键技术体系，搭建了智慧口岸信息评
价预警平台

挖掘了基于化学组分、风味信息和营养组分的多种品质识别标志物，基于
DNA、多肽及化合物的多种身份识别标志物，初步创建了集现代分子生物学、食
品组学、光学和电磁学等多学科技术的跨境特色食品（水果、乳制品、水产品
等）品质及身份特征技术平台，研制了具有自主知识产权的快速检测装置，搭建
了智慧口岸信息评价预警平台，为跨境食品"互联网+快速通关"的服务模式带
来技术支撑。其中，国内首台具有自主知识产权的超声显微三维成像仪检测无需
前处理、不破坏样本，检测全程仅需15分钟；试纸条光热读卡仪，成本低（从
4万元降到200元），检出限可比肉眼视觉检测提高10倍，大大缩短了通关时间
和检测成本。

2. 研制了智能贮运一体化技术装备，构建果蔬物流供应链新模式

融合可交换箱技术、多温区冷藏箱技术、多温共配系统技术和贮运一体化技

术等多项技术，研制了可交换式多温区贮运一体化装备，具有运行效率高、周转周期短、温度波动小、货物损耗少、物流成本低等特点。使用该装备可全程减少物权转移，明确责任主体，建设监控、检验、追溯三位一体的品控体系，打造了干线物流、销地短储、当地配送的多环节少主体的新型物流供应链模式。

3. 开发了果蔬自动化分级成套装备

研制了果蔬前置输送装置，实现果蔬在线高速、稳定输送，有效提升果蔬前处理和多通道分级衔接精度；研制了卸果装置，实现果蔬 360 度自旋转、无损伤下线等功能；研制了自动分级机械系统，分级效率高。通过技术集成开发了智能化果蔬分级成套技术装备。采后自动分选线根据褚橙重量、大小、斑点、瑕疵、颜色、体积、糖度、酸度、霉心病等多项外部视觉指标及内部生理指标进行分级分选，含 28 个通道，通道分选速度 10 个/秒，小时最大处理量达 30 吨。根据苹果重量、大小、斑点、瑕疵、颜色、体积、糖度、酸度、霉心病等多项外部视觉指标及内部生理指标对苹果进行分级分选，分选速度 10 个/秒，日产达 50 吨以上。

4. 粮食干燥与贮藏设备取得技术突破

开发了变温干燥及旋流式粮食干燥机，生产率可达 100 吨/天，降耗 20%，实现了入仓前质量控制；完成了稻谷储藏霉菌区系调研及显微形态特征研究，提出了多元储粮真菌生长预测模型和匹配监测装备，可提前 30 天预测粮食安全状态；研发了储粮射频、微波、光诱杀等害虫物理防控技术和设备，实现了储粮害虫绿色防控，化学药剂使用量减少 50%；完成了横向保水通风工艺，研发了横向通风专用设备套。横向谷冷通风能耗降低 60%，储粮水分损耗可以控制在 0.3% 之内。

5. 开发了全封闭智能米粉干燥专家系统

该系统具有工艺参数自由设定，全自动运行，故障自动报警和远程监控等功能，首次在益海嘉里（南昌）食品有限公司应用，替代了传统人工经验操作，填补了国内空白，极大地提升了米粉加工的技术水平。2019 年中国机械工业联合会对该项技术进行了成果鉴定，达到国际领先水平。

6. 开发了第五代 E 形浸出器和智能化低温低残油榨油机

E 形浸出器可实现链条的双轴驱动并且双轴同步平稳运行，日处理量可达 1 万~1.2 万吨，是目前国内日处理量最大的环形浸出器。E 形浸出器的研发彻底改变了浸出器市场由国外垄断的局面，形成自主知识产权产品，已投放国内外市场,为行业的发展起到巨大的推动作用。智能化低温低残油榨油机,采用特有结构,比原有设备能耗降低20%,显著提升了产地压榨设备的自动化水平,经压榨后残油小于8%,低温菜粕的出油率在95%以上。该装备技术成果中粮集团有限公司、益海嘉里金龙鱼粮油食品股份有限公司、九三粮油工业集团有限公司等大型食用油企业得到应用。

7. 开发了棉花智能化提级加工关键技术装备

开发了原棉精准配货系统Y1.0、棉包出入库核查PDA系统、棉包出入库核查系统等;研制了棉花加工提级增效智能化控制系统、智能数控自适应轧花机、高效低损伤皮棉清理机、MQZL-15B1提净式籽棉清理机、棉花调湿智能化控制装置、棉花智能打包捆扎一体机、棉仓自动监测设备等在线验证样机,可为我国棉花加工技术升级提供装备支撑。

第三节　重大发展趋势研判

伴随人们生活节奏加快和对食品多样性、高质量的时代要求,我国农产品加工业正在向自动化、信息化、智能化生产方式发展,产业发展进入以技术创新、高性价比、资本密集投入为导向的行业竞争态势,加速推动以数字化、智能化为特征的产业升级,以数量增长向质量效益提升转变。农产品加工业的发展带动了我国农产品加工装备工业继续快速发展,促进了农产品加工装备行业技术进步,从跟踪模仿为主向自主创新为主转变,从注重单项技术向注重技术集成转变,智能化改造和产业转型升级步伐加快。未来我国农产品加工装备向柔性自动化、集成化、综合化、系统化、敏捷化和智能化方向发展,主要表现如下。

1. 技术的自主创新能力不断增强

行业更加重视技术进步与科技创新,科技投入继续加大,突破一批共性关键技术,重点领域成果丰硕;农产品分选、食品非热加工、可降解食品包装材料、在线品质监控等方面研究取得重大突破;掌握一批具有自主知识产权的核心技术,开发先进装备。

2. 装备制造业转型升级步伐加快

柔性加工技术、新材料、数字化管理系统等在农产品加工装备制造业中快速应用。粮油加工和食品制造自动化、智能化装备高速发展。粮油、酒类、乳制品、饮料、肉类加工、后端包装等装备领域出现龙头企业和标杆产品，并左右定价和标准。精酿啤酒装备出口至美洲、欧洲及东南亚等地，技术标准与产品质量稳步推进；饮料装备初具国际竞争力；乳制品装备具备酸奶制品、液态乳无菌灌装、乳酸菌饮料等全面装备供应体系。食品安全技术装备、在线检测、安全追溯发展较快，信息技术、传感器技术、控制系统、大数据等技术快速应用。

3. 传统生产线数字化、智能化改造升级

粮油制品、乳制品、饮料、肉类、酒类等产业加快产线改造升级和数字化转型。农产品分级包装迅速发展推动智能化分级包装装备应用；畜禽安全屠宰拉动屠宰加工自动化、智能化生产线快速发展；低温乳制品需求旺盛推动低温立体库、安全追溯等装备发展；大包装、家庭装、商务用水等增速很快推动大容量灌装包装设备高速增长；调味品企业加快建设智能立体仓储；白酒类小曲清香等产品自动化、智能化酿造装备改造已近成熟。

第四节 "十四五" 重大科技任务

装备是支撑农产品加工业发展的基础。发达国家农产品加工装备向柔性自动化、智能化方向发展，我国农产品加工装备与国际先进水平还有较大差距，"十四五"应重点发展如下几项装备。

1. 粮食加工装备

重点开发米粉、挂面、半干面、营养强化米加工等大型成套技术与装备；研制保鲜面团、速冻薯条、杂粮制品、方便主食品等主粮加工及废弃物综合利用自动化成套技术与装备。

2. 油脂加工装备

开发绿色制油的大型智能化膨化、调质、低温节能脱溶和节能脱臭成套装备，特色油料加工关键装备，粮食加工副产物为原料的玉米油、米糠油等加工的关键装备，油脂蛋白深度利用成套装备和油角综合利用及深度加工成套技术与装备。

3. 果蔬加工装备

开发果蔬商品化处理、预冷及冷链配送、保鲜贮藏、保鲜包装、节能干燥、在线检测、加工废弃物综合利用和净菜加工、鲜切果蔬、果蔬汁产地加工以及传统菜肴工业化加工等成套技术与装备。

4. 畜禽屠宰与肉类加工装备

研制高效头蹄打毛，畜禽内脏机械化、自动化清洗、骨肉分离、血粉与骨粉加工、油水分离、头蹄处理等畜禽副产品综合利用装备；开发北京烤鸭、德州扒鸡、内蒙古风干牛肉等特色肉制品加工成套装备。

5. 乳制品加工装备

开发大型机械化挤奶系统及牛奶预处理、牛奶无菌储运、长货架期酸奶包装、高速无菌包装、大型低温自动化制粉与配粉等关键装备以及乳制品品质无损检测装备，集成开发智能化乳粉、液态乳生产成套技术与装备。

6. 食品加工通用装备

针对我国食品通用装备使用量大面广，亟待技术升级的需求，重点研发长寿面高效定型切制技术与装备、大型超声波均质细化技术与装备、大型高压均质粉碎技术与装备等。

7. 中式料理产业化关键装备

研发中央厨房调理中心成套设备；研制中式配菜和调理参数自动调控的腌制、炒制、炸制、蒸煮和烘烤等智能烹饪设备；研发自控洁净杀菌、包装设备和餐厨剩余物资源化处理设备；开发中式食品压延、模压、搓圆、卷绕、挤压、包馅等特殊成型装置，集成研制以数控为核心的食品成型装备；研制智能化中央厨房配送信息化管理系统。

8. 食品在线检测与品质分级装备

重点研发高准确度与灵敏度的在线分析检测仪器和智能分级装备，不断提高检查仪器装备的自动化、智能化、网络化水平，开发食品在线检测与品质智能分级成套装备。

9. 食品智能化包装与物流装备

重点开发智能化高速无菌灌装装备、非规则固体物料和黏稠等特种物料智能化包装装备、食品物流仓储装备与系统，通过技术集成形成智能化成套包装与物流装备，以满足我国丰富多彩的食品产业高速发展的需要。

一、产业现状与重大需求

我国是世界第一大粮食生产国和消费国。2019 年，我国粮食生产再获丰收，总产量达到 66 384 万吨，较 2018 年产量提高 0.9%，创历史最高水平；其中谷物产量 61 370 万吨，占比达 92.5%。2019 年我国粮食（不含大豆）消耗量大约在6.2 亿吨，主要粮食自给率在 95% 以上。2019 年受非洲猪瘟疫情、国内消费升级以及主食消费量持续下降的综合影响，全国粮食加工与制造业总体运行情况欠佳。2019 年全国粮食加工与制造业总体运行情况欠佳，根据国家统计局提供数据，规模以上传统企业实现营业收入 17 580.9 亿元，较上一年度同比仅增长2.0%，利润总额同比下降 2.7%。其中占比近 50% 的稻谷、小麦等谷物磨制、玉米淀粉加工行业在营收上出现较大幅度的负增长，成为拖累行业表现的主要原因。而米面食品制造、方便面、烘焙食品制造等粮食深加工行业表现仍呈良好增长态势。

2019 年行业内对于粮食加工业总体发展的研判是，总体向好的发展趋势不变，优质加工原料供给增加，产业集中度不断提高，产品结构持续优化，新业态、新零售模式催生更多产业融合，以中高端米面制品、方便食品等为代表的粮食食品制造业在产品品质和价值提升的转型升级道路上持续发展。具体表现在：国内优质专用小麦种植面积进一步增加，在部分主产省区（河南省）初步实现了优质麦的专种、专收及专储。行业内有实力的龙头企业（中粮集团有限公司、五得利面粉集团有限公司、益海嘉里金龙鱼粮油食品股份有限公司），将优质原料基地建设、高端米面产品、专用粉作为企业转型方向，并利用自身品牌、规模、技术、渠道等的集中优势，正在打造和优化自身的粮食加工全产业链。

此外，随着我国人均收入和生活水平的提高，居民膳食结构也在发生着深刻变化，饮食结构多元化，大米、面粉等主粮消费分别自 2012 年以来持续走低。根据国家粮油信息中心估测，2019/2020 年度我国大米口粮消费量 15 830 万吨，较上一年度减少 20 万吨；小麦口粮消费量 9 230 万吨，较上年减少 50 万吨。根据发达国家经验，未来我国城乡居民人均主粮消费量还将进一步下降。同时，人们对食品价格敏感度下降，消费力强的年轻消费群体崛起，普通主食消费下降的同时，具有"天然、有机、方便、营养、健康、美味、个性化"等特征的高品质食品需求将持续增大。

针对国内产业发展形势、市场需求等的变化，围绕着传统主食加工品种品质提升，加工技术装备升级，新型营养健康粮食食品制造以及副产物增值转化与综合利用等为核心业务的我国粮食加工业，在产业发展上需要全面谋划和加强科技支撑。

二、重大科技进展

我国近年来对传统主食制造的现代化转型升级相当重视，前期已投入不少科研经费支持。"十三五"期间，重点研发专项"现代食品加工及粮食收储运技术与装备"分别启动了针对中华传统主食、民族特色主食的工业化、自动化、智能化生产以及营养健康产品生产关键技术研究等项目。米面制传统主食加工关键技术、设备和产业化示范应用列入其中。目前，我国在传统面制主食加工方面产生了一系列的科研成果，面制品加工企业的现代化生产水平和生产能力有了很大的提升。如河北金沙河面业集团有限公司从 2018 年开始挂面年产量已经突破 100 万吨，成为全国乃至全球的最大挂面生产公司，挂面生产从小麦磨粉、和面、压延、切条、包装全流程实现自动化。此外，我国地方传统特色产品如凉皮、肉夹馍等也部分实现全流程的自动化生产，产业生产效率和产品质量显著提升。

此外，我国传统米制品加工行业中，大米制粉加工领域，传统湿磨加工大米粉较直接干磨粉具有破损淀粉含量低、淀粉颗粒完整度高、粒度分布窄等优势，可作为米粉（线）、汤圆、元宵等传统米制主食的优质原料。但湿法加工存在耗水多、能耗大、废水大、生产效率低等问题，我国传统米制主食加工行业急需新型节能减排的绿色高效制粉技术及装备。中国农业科学院农产品加工研究所开发的大米半干法磨粉技术在粉碎阶段无废水产生，大米粉品质可与湿法磨粉相媲美，目前处于中试研究阶段，有待规模化技术装备的研发、推广。

从 2018 年度开始走出低谷的方便面行业，2019 年度产品创新和产业升级持续推进。行业内以康师傅、统一等为代表的大企业更加注重技术和产品创新。在高端产品的研发中，引进诸如 FD（冻干）、RP（快速成型）等航天先进技术，将方便面产品品质和价值进一步提升。同时，在面条制品的品类发展中，以半干面、湿面、冷冻熟面等为代表的新型面制品亦快速崛起，大有替代传统干制挂面的发展趋势。

在粮食及其制品营养健康研究领域，近年来，世界各国对全谷物食品的营养问题开展了大量研究。对于全谷物在降低心脑血管疾病、癌症、呼吸系统疾病等的发病率、死亡风险方面达成共识，美国、英国、瑞典等发达国家的政府和有关组织还发布了许多有关全谷物的健康声明，全球范围内全谷物的消费正呈现快速增长势头。我国粮食加工科技创新也越来注重粮食及制品的适度加工与营养健康问题，并加强了相关技术与标准研究。2019 年 5 月正式实施的新版《大米》国标中，就特别强调了大米适度碾磨的分级问题，对于破除我国粮食加工行业过去片面追求过度、精制加工，促进行业提质减损、节能减排发展具有重要意义。

2019 年与粮食加工行业密切相关的一个现象是植物基新产品的兴起。以豌豆蛋白为主要原料的素肉制品被投资界追捧，行业内不少加工企业投身其中，这种新型植物肉产品在加工技术上与传统植物蛋白挤压产品并无二致，但在产品品质，仿生程度和风味口感上均有一定提升。本年度国内市场上涌现出一批素肉汉堡、素肉火腿、素肉月饼等新产品，获得了不少消费者的认可和接受。此外，以大豆、豌豆、燕麦等为原料的植物基蛋白、代乳饮料亦在国内市场涌现，产品加强了纯天然、无添加、更健康等概念，品质亦较传统豆奶、谷物饮料产品有较大提升，在饮料新品类的拓展上表现出良好潜质。

此外，随着国内对于粮食加工资源综合利用认识度的不断提高，形成了更多的创新理论及技术。现代生物技术、酶工程技术、色谱分离及膜分离技术等，使得产业进入高科技、高产出的快速发展阶段。"淀粉加工关键酶制剂的创制及工业化应用技术"获得本年度国家技术发明奖二等奖。以玉米主食化加工、玉米淀粉绿色生产及其深加工、加工副产物玉米蛋白生物转化为主要内容的"玉米精深加工关键技术加工创新与应用"获得国家科学技术进步奖二等奖。此外，"稻米加工副产物挤压减损关键技术创新与应用""稻壳资源综合高效利用关键技术研发与应用"等亦获得本年度粮油学会行业科学技术奖。

三、重大发展趋势研判

随着我国社会经济发展、人口老龄化、消费能力提升，以传统谷物磨制和米面主食、方便食品加工为核心的粮食加工业，也必然向制造业的工业化、规模化、标准化、智能化方向以及产品的方便、美味、安全、营养健康及个性化等为特征的现代化粮食加工业方向发展。因此，围绕具有上述特征的行业发展变化，结合目前我国粮食产业的现状，从加工原料、加工技术装备到产品，本行业未来重大发展趋势判断如下。

1. 优质加工原料的发展

主要是原料品种的统一性、专用性及生产成本问题。随着消费者对优质粮食加工制品，尤其是米面主食产品品质要求的提高，对以小麦为代表的加工原粮的适用性、专用性提出了更高要求。未来国家品种审定部门应尽快修订、改进品种审定办法，将适合我国传统面制品加工、能够满足工业生产规模化要求的专用小麦品种作为优质品种审定和鼓励发展的重点，单品种适度规模的种植及分品种、分区域、分年份的收储模式应得到进一步推广。可保证稻谷及大米食用品质的节能干燥、低温储粮模式也应加强研究和应用。国产粮的品质和生产成本也将在规模化生产、减损降耗的种植收储过程中获得解决方案。配麦、配粉、配米等米面加工专用原料的生产技术及相关标准体系的建设工作将进一步深入和完善。

2. 传统主食加工产业的发展

目前我国传统主食产业中，涉及产品种类多、工艺复杂、规模化程度普遍较低，大多数中小企业生产仍处于手工及半手工状态，因品类差异，缺少国外经验与技术装备可供借鉴，更缺少配套的自动化和智能化装备，整体加工能力和加工水平仍较低。还需要花大力气从原料、生产工艺和设备方面进行研究。以全谷物、杂粮杂豆果蔬等的全营养、复配原料加工特性研究及产品开发，传统特色、地域特点等风味主食的品质保真及新型方便主食、跨界产品开发，传统主食制造的标准化、工业化、智能化技术装备研发，具有减肥、控糖等营养健康概念的特膳主食、个性化主食类产品将可能引领本领域的发展趋势。

3. 新型粮食食品制造

随着消费者健康意识和全球对可持续发展的普遍共识，众多植物基营养健康创新产品将成为食品产业发展潮流。除了粮食原料传统意义的上营养概念，根据近年来的植物基、动物源替代产品素食产品（素肉、素奶、素鸡蛋等）的世界发展形势，植物基替代产品很有可能成为未来新型粮食食品制造的重点发展方向。在植物肉类产品发展上，在蛋白原料的选取上，除了豌豆，像绿豆、蚕豆、芸豆等均是具有良好发展潜力的新型植物蛋白来源；在植物肉品质提升和新品研发上，在质构、风味上则应更多考虑适应国人消费习惯。以燕麦、豌豆等谷物原料为代表的谷物代乳饮料在国外已逐渐进入饮料主流，未来以非传统主食谷物（燕麦、荞麦、藜麦、食用豆类）为原料的植物基饮品，未来也极有可能成为我国饮料行业的一个重要品类，在谷物饮料的发展中，重点要解决产品的营养均衡、稳定性及风味口感提升等问题。此外，参考国外产业发展经验，以谷物为主要原料的即食谷物早餐、营养饼干、营养棒等方便、休闲食品也应是未来本领域的发展趋势和亮点。新产品同时也会更加突出营养健康的概念，尤其是在减肥、肠道调节、改善糖脂代谢、抗氧化等营养功能上将有利于增加产品内涵与价值。

4. 粮食加工副产物的综合利用

鉴于目前我国绝大部分的粮食副产物（麸糠、饼粕）虽富含营养但加工储藏条件过于粗放，难以达到食用化的安全和品质要求，所研发产品实用价值低、生产成本高、技术应用难度大等问题，未来我国在粮食加工过程中应针对副产物生产加强有效的分级、分类加工技术手段、方法及标准化管理制度、质量安全评价与控制体系。针对粮食加工副产物集成高效提取分离、生物转化等先进技术，利用粮食加工副产物的原料与营养特点，重点开发未来产业急需的天然配料（膳食纤维、蛋白质等）、生物基新产品；以提升产品品质和降低生产成本为核心，开发绿色生物制造途径和生产技术，以生物法替代或部分替代化学法，降低生产成本和能量消耗，提高效率，达到增产增收，并实现节能环保、环境友好型生产，通过副产物有效利用促进全产业向多领域、多梯次、深层次、低能耗、全利用、高效益、可持续方向发展。

四、"十四五"重大科技任务

基于目前我国粮食加工产业与消费升级的发展变化以及未来食品产业总体趋势，未来 5 ~ 10 年，尤其是"十四五"期间，在我国粮食加工领域，从原料品种、加工技术装备及产品创新创制方面还应持续在以下领域加强科研布局与研发投入。

1. 传统特色主食加工原料优化与加工装备提升

主要包括：适应我国传统特色主食制品的专用小麦、稻米等的加工原料品质分级分类标准体系研究；传统特色主食（半成品、成品）品质评价体系、加工链影响关联与调控因素研究；主食标准化制造技术规程研究；传统主食加工绿色节能技术装备研发；传统加工技术装备升级对制品品质的影响及品质保持改善机制；基于多维数据融合的传统主食加工装备的全程数字化与智能化研发；全谷物、营养健康型、个性化、方便、特色主食系列产品的制造关键技术与产业化应用。

2. 新型营养健康粮食食品创制及技术装备集成

主要包括：以全谷物、植物基等为代表的方便食品、休闲食品、谷物饮品、仿生食品、特殊膳食食品等的创新研发，产品品质影响调控机制及相关加工装备的集成；粮食中特色营养功能组分的挖掘及优质加工原料品种筛查，加工过程中活性组分的保持与富集技术研究；依托粮食中主要功能组分开发可有效改善慢性病（三高）、调节肠道功能的新型营养健康食品，针对特殊人群（老龄化、新生代人群等）开发可满足个性化需求的特殊营养和消费场景需求的新型粮食食品。

3. 粮食加工副产物新功能性组分开发与增值利用

创新粮食资源的生物转化与高值化利用关键技术，包括加强新型固定化技术、介质工程、反应-分离耦合技术、微流场技术等生物转化新技术的研发应用；开展基于粮食加工副产物（如米糠、麸皮、玉米蛋白等）的新型功能性配料、生物基材料及相关制品的关键加工技术研究，开发植物纤维、蛋白（肽）、生物膜、生物胶、乳化剂等系列产品；开发玉米加工副产物的全效利用技术，开展生物聚合技术、生物化工产品，功能性生物糖、膳食纤维、功能性肽及新型酶制剂等大宗生物、发酵制品的研发；在技术装备上，加强低能耗、低排放、占地空间小、结构紧凑、生产效率高的配套装备研发与技术集成应用。

一、产业现状与重大技术需求

我国是名副其实的花生生产、加工与贸易大国，发展花生加工业对于保障我国粮油供给、提升全民营养健康、推动产业快速发展、落实乡村振兴战略具有重要意义。

（一）花生加工业产业现状

我国花生产量和加工产业规模居世界之首。据农业农村部统计，2019 年度我国花生总产量预计 1 737 万吨，居世界首位。榨油和食用是中国花生加工的主要用途，2019 年食用花生总量预计达 700 万吨，榨油用花生总量达 920 万吨。2019 年我国花生油产量 294.4 万吨，花生粕产量 368.0 万吨（USDA，2019）。

花生是我国具有国际话语权的优势农产品。2019 年我国花生进口量 45 万吨，出口量 65 万吨。2019 年我国花生油进口量 16 万吨，出口量 1.0 万吨；花生粕进口量 7.5 万吨（USDA，2019），花生及其制品进出口贸易量占全球 20%，居世界首位。

（二）重大技术需求

我国花生加工业科技热点聚焦在花生加工适宜性评价技术、花生加工品质调控技术与新产品研发、精深加工与副产物综合利用技术三方面。

1. 花生加工适宜性评价技术

开展花生加工特性与品质评价研究，明晰原料关键特性指标与产品品质间的关联机制，构建加工适宜性评价模型、指标体系与技术方法，按加工用途对我国花生品种进行科学分类，筛选加工专用品种，构建基础数据库，能够破解原料混收混用、产品品质差、产业效益低与国际竞争力弱的产业瓶颈问题，全面实现我国由花生加工大国向加工强国的转变。

2. 花生加工品质调控技术与新产品研发

明确加工过程中特征组分多尺度结构变化及互作与品质功能调控机制，典型加工过程中品质劣变与保持减损机制，以及新型加工技术对特征组分结构修饰与品质提升机制，建立加工全过程品质功能调控技术与可视化平台。开发植物蛋白肉、基于花生蛋白 pickering 乳液的人造奶油、沙拉酱等营养健康新产品。

3. 花生副产物绿色高值化利用技术

花生浑身都是宝，花生茎叶具有改善睡眠的功效；花生壳中的木犀草素、黄色素具有消炎、降尿酸、抗肿瘤等多种药理活性；红衣多酚具有补血止血、抗氧化、抗肝癌等功效；花生根和红衣中的白藜芦醇可缓解心血管疾病，降低血脂，延缓衰老；高温压榨花生粕可用于加工绿色无甲醛胶黏剂。实现花生副产物绿色高值化利用，能够有效提高产品附加值，减少资源浪费，助推乡村振兴。

二、重大科技进展

近10年间我国花生加工科技取得重大突破，2014年"花生低温压榨制油及饼粕蛋白高值化利用关键技术及装备创制"获国家技术发明奖二等奖，2019年"花生加工适宜性评价与提质增效关键技术产业化应用"获神农中华农业科技奖一等奖，"一种双中性蛋白酶分步酶解花生分离蛋白制备花生肽的方法"获中国专利优秀奖，2012年"功能性花生蛋白及其组分制备关键技术创新与应用"获中国粮油学会科技一等奖，标志着我国花生加工科技自主创新的进步。

1. 花生品质快速无损检测技术

国外专家主要利用近红外、高光谱、拉曼等技术对花生等粮油原料的加工品质和适宜性进行快速分析和判断，开发了便携式检测设备，提高了检测效率，降低了检测成本。研究了基于机器学习和图像分析等新算法深度挖掘花生原料的光谱和图像信息，构建花生品质预测模型，应用于品种选育和过程控制（Guzman，2019）。王强等（2019）建立了花生品质近红外快速检测技术，研发了便携式花生加工品质速测仪。仪器配有样品杯和单粒花生检测配件，可在田间地头或原料收购现场快速检测花生品质，无损分析花生水分、脂肪、蛋白质、脂肪酸、氨基酸、酸价等品质指标，建立的28个模型的预测值与化学值的相关系数范围为0.85~0.99。便携式花生加工品质速测仪获"2019中国农业农村十大新装备"（王强，2019）。李建国等（2019）利用近红外光谱技术建立了可以快速检测单粒花生中油酸、亚油酸、棕榈酸含量的数学模型，油酸的 NIR 预测值与 GC 化学值的相关系数达到0.88，亚油酸预测值与化学值的相关系数达到0.90，棕榈酸的预测值与化学值的相关系数为0.71。

2. 花生干燥与储藏技术和装备

王殿轩等（2019）制作了通风网囤，装入网袋包装的湿花生，在广东湛江的高温高湿环境中进行通风抑霉降水应用试验，5~7 天花生无霉变发热，水分可降至 10%左右，在徐州试验站、开封试验站、濮阳试验站、驻马店试验站等开展了扩大试验。研发了花生烘干机，日处理量为 300 吨/天，连续处理 10 天，可应季处理一个村的花生产量。基本工艺流程为：花生果运输车—花生果缓冲仓—输送机—清理筛—输送机—分配器—烘干仓—烘干—卸料—输送机入仓。研发了小型农户储囤式通风抑霉降水装备，用于湿花生果短期保鲜保质。建立了通风抑霉干燥技术，根据环境条件不同，50%左右水分含量的花生果在 4~10 天内水分即可降至 10%。建立了花生热风干燥技术，试验结果表明，风温对干燥速率的影响远高于风速，同一温度下不同的风速干燥对花生果的干燥速率影响不大。当干燥温度大于 40℃且小于 60℃时，对花生的油用品质和蛋白品质影响不大，温度越高，经脱壳机后的花生仁红衣破损越严重，且花生仁碎裂程度增加。

3. 花生低温压榨制油与饼粕蛋白高值化利用关键技术

我国花生油生产中 90%以上沿用传统高温压榨制油工艺，造成花生油品质差、营养损失重，长期摄入影响全民营养健康。高温压榨制油产生的饼粕中蛋白质变性严重，只可用作饲料，不能用于食品，综合利用程度和附加值低，严重制约了花生产业健康发展。针对上述问题，王强团队在花生油品质改善、饼粕综合利用、蛋白质附加值提升三方面取得重大技术突破。一是创制了花生低温压榨制油与饼粕蛋白粉联产技术及装备，与传统高温压榨工艺相比，低温压榨花生油酸值低 50%、β−谷甾醇高 53%、饼粕蛋白氮溶指数高 6.3 倍。二是发明了伴球蛋白低温冷沉制备技术、浓缩蛋白制备与改性技术，使用伴球蛋白、高凝胶型浓缩蛋白制备的火腿肠硬度、弹性、蒸煮损失率均达到了同类产品标准，首次实现了花生蛋白在肉制品中的应用。三是创建了功能性花生短肽制备技术，短肽得率 89.0%、纯度 90.3%，附加值较蛋白粉提高了 30~35 倍。建立了国内最大的花生低温压榨制油与蛋白联产生产线，并在 9 家企业推广应用。成果获 2014 年国家技术发明奖二等奖、2015 年中国优秀专利奖，被国科网（NAST）评为"十一五"国家重大科技成果。

4. 高水分挤压组织化对花生拉丝蛋白品质的影响机制

2019 年美国植物性食品的总销售额从 2017 年的 34 亿美元增长到 45 亿美元，其中植源肉食品类增速达 10%，而动物肉的增速仅 2%（plantbasedfoods，2019）。

2019 年在《麻省理工学院技术评论》上发布的全球十大突破性技术中，植物基牛肉汉堡成功入选。Beyond Meat 公司股价在上市首日暴涨 163%，使植物蛋白肉的开发成为全球食品行业关注的焦点。采用高水分挤压技术制备新型植物蛋白肉备受关注（Fang，2019），研究者关注了模具中纤维结构形成机理（Murillo J L，2019）和动物蛋白与植物蛋白混合挤压（Chiang J H，2019）等方面研究。此外，利用 shear cell（Schreuders，2019）、3D 打印联用（C. Thibaut，2019）等技术制备植物蛋白肉的研究也取得了重要进展，使植物蛋白肉产品向多样化、营养化、可调控的方向发展。张金闯等（Zhang，2019a；Zhang，2019b；Zhang，2020）明确了挤压能量输入对花生蛋白纤维结构形成的影响。进一步采用 X-射线显微成像技术、纳米红外技术等蛋白多尺度结构解析先进手段揭示了挤压过程中花生蛋白纤维结构形成的分子机制。构建了高水分挤压过程中蛋白质多尺度结构变化与纤维结构形成可视化平台，在首届食品特征组分结构变化与品质功能调控国际研讨会上获得了以世界卫生组织 Gerald G. MOY 教授为组长的国际同行专家的高度认可，为高水分挤压过程中花生蛋白构象梯次变化预测与品质控制提供了理论依据。

5. 花生蛋白基高内相 Pickering 乳液制备技术

反式脂肪已经被证实具有引发心血管疾病、糖尿病和癌症的风险，2018 年 5 月 14 日，世界卫生组织（WHO）宣布：2023 年前将在全球范围内停用人工反式脂肪。目前膳食中反式脂肪主要来源为部分氢化植物油（PHOs），以 PHOs 为原料的人造奶油制造业将面临前所未有的挑战。王强团队（2019）发现，花生分离蛋白微凝胶颗粒可有效稳定内相高达 85% 的高内相 Pickering 乳液，该乳液的外观、组成和流变性质与人造奶油、沙拉酱类似，为基于高内相 Pickering 乳液的植脂奶油、人造奶油、沙拉酱等绿色健康替代产品的研发奠定了基础。该技术已得到该领域顶尖科学家英国 Hull 大学 Bernard P Binks 教授的高度认可，相关研究已在线发表在国际著名学术期刊《德国应用化学》（Angewandte Chemie International Edition）上，该期刊由德国化学学会（German Chemical Society）主办、Wiley-VCH 出版，是化学及其相关领域的国际顶尖期刊，位列 JCR 一区，影响因子（2018 年）为 12.257，主要刊登创新性极强的通信类文章。该技术还被科技日报头版头条、新华网、人民网、中国日报中英文版等主流媒体广泛报道，并申请了 2 项美国发明专利、2 项中国发明专利。

6. 花生豆腐制备技术及产品研发

豆腐作为我国的传统美食，受到东亚乃至全世界人民的广泛喜爱，但与日本

等发达国家相比，我国豆腐原料单一。花生低温粕中蛋白质含量可以达到 50% ~
60%；营养价值高，含有 8 种必需氨基酸，蛋白质功效比 1:7，纯消化率达
87%，不含胀气因子，利用潜力巨大。由于不同花生品种蛋白质含量和组成不
同，导致加工出的豆腐品质差异显著。针对以上问题，郭亚龙等（2019）开展了
花生豆腐加工专用品种筛选研究。依据种植面积和主栽省份挑选出 31 个花生品
种制备成花生豆腐，对豆腐的品质测定并进行聚类分析，建立了花生豆腐品质评
价体系，筛选出适宜加工花生硬豆腐的鲁花 11、潍花 25 号等品种，制备出的花
生硬豆腐得率可达到 311%；拥有良好的质构，硬度、弹性和咀嚼性分别为
659.44 克、0.968 克和 525.19 克，高于市售产品平均水平（硬度、弹性和咀嚼
性分别为 613.34 克、0.941 克和 468.38 克）；具有优良的保水性和耐煮性。通过
分析花生原料品种的蛋白质、脂肪、氨基酸、脂肪酸等 26 个特性指标，并与花
生豆腐品质指标进行关联分析，确定影响豆腐品质的原料指标包括球/伴球蛋白、
35.5KDa 亚基、谷氨酸、极性氨基酸等，建立了花生豆腐品质预测模型，验证预
测准确率为 80.77%。

7. 花生蛋白基无醛胶黏剂绿色制备技术

2019 年我国人造板产量约为 3.25 亿米³，2023 年预测达到 3.74 亿米³，年平
均增长率约为 3.57%，其中主要为"三醛胶"（酚醛树脂、脲醛树脂和三聚氰胺
甲醛树脂）（卞科，2019）。随着石油资源的枯竭和人们环保意识的提高，绿色
环保的植物蛋白胶黏剂逐渐成为人们关注的热点（Li et al.，2019）。Heinrich 等
（Lydia Alexandra Heinrich，2013；Ji et al.，2017；Li，2019）以植物蛋白为原料
制备了无醛植物蛋白胶黏剂，利用蛋白分子内的—OH 、—NH₂、—COOH 等活
性基团，进行嫁接和交联等化学改性，提高了其胶合强度和耐水性。王强等
（2019）以价格低廉、来源广泛的高温花生粕为原料，初步建立了绿色无甲醛木
材胶黏剂（单组分和双组分）的制备工艺，并明确了胶黏剂的胶合强度提升
机理。

8. 我国四大花生主产区的土壤中黄曲霉菌分布和产毒特征

刘阳等（2019）建立了花生品种黄曲霉菌抗性筛选体系，收集了花生品种
80 种，筛选获得高抗品种 2 种，中抗品种 4 种，中感品种 9 种，高感品种 65 种；
开展了花生黄曲霉生物防治技术研发，基于代谢产物、产毒基因缺失类型、实验
室与田间防治黄曲霉效果分析，筛选获得 12 株潜在生防菌株，开发生防菌剂 1
种，在广东湛江和湖北黄冈等地进行连续田间施用防治示范，生防效果良好。

开展了花生模拟储藏和实地储藏实验，明确了不同的储藏温度、水活度对于花生中黄曲霉生长与产毒的影响，确定了防控黄曲霉毒素污染的花生温度及水活度质控指标；开展了花生黄曲霉防霉剂研制，筛选获得防霉菌 3 株并解析了抑制黄曲霉毒素形成的分子机制，为花生黄曲霉毒素防控提供了理论基础。

开展了花生加工副产物生物脱毒和吸附技术研发，获得高效安全脱毒益生菌 1 株，实现了花生饼和花生粕中黄曲霉毒素的高效脱毒与致敏蛋白的高效脱敏，同时提高了花生饼和花生粕中的蛋白含量与游离氨基酸的含量。

9. 花生加工特性与专用品种基础数据库、花生及花生油外源危害物污染数据库、花生真菌毒素代谢产物数据库和实物库

王强等（2012）在大量测定数据基础上，利用动态网页技术，首次建立了花生专用品种与加工特性基础数据库，包含球蛋白/伴球蛋白、白藜芦醇等原料加工特性指标与产品品质、加工专用品种信息等数据 31 378 条，以及加工专用品种特征指纹图谱共 647 个。已在国家农业科学数据共享中心（http://www.agridata.cn）实现了网络共享，数据已下载 15 069 次，是该共享中心 667 个数据库中下载最多的，为提升产品品质奠定了基础。刘阳等（2019）开展了我国各大重要花生产区花生主要品种及花生油制品中黄曲霉毒素、重金属、农药残留等外源危害物的污染调查，初步建立花生及花生油外源危害物污染数据库。开展了花生加工过程中真菌毒素迁移转化规律研究，基于液相质谱联用技术分离鉴定了真菌毒素代谢产物，初步建立了真菌毒素代谢产物数据库和实物库。

三、重大发展趋势研判

绿色、营养、健康食品的精准调控与高效制造将是我国花生加工科技创新发展的重点，原料品种专用化、产品种类多元化、资源利用高效化将是花生加工未来的发展趋势。

1. 花生加工适宜性评价与专用品种专用工艺备受关注

我国现有 8 000 余份花生品种资源、约 300 个主栽品种，长期存在原料混收混用、产品品质差、产业效益低与国际竞争力弱的瓶颈问题。开展花生加工特性与品质评价研究，明晰原料关键特性指标与产品品质间的关联机制，构建加工适宜性评价模型、指标体系与技术方法，按加工用途对我国花生品种进行科学分类，筛选加工专用品种，构建基础数据库，建立加工专用品种专用工艺，破解花生产业瓶颈问题，有效提升产品品质，全面实现由花生加工大国向加工强国的转变。

2. 高油酸花生及其加工制品成为主流

与普通花生相比，高油酸花生单不饱和脂肪酸含量在 70% 以上。目前我国通过审定的高油酸花生品种 30 多个，油酸含量高的达 80% 以上。因高油酸花生油中油酸含量与橄榄油非常接近，同时因为其稳定性强、货架期长，未来高油酸花生油将成为市场新宠。同样高油酸花加工制品也将受到企业关注和消费者的欢迎，具有市场开发潜力。

3. 花生产品种类不断丰富、领域不断拓展

近年来全国花生产量逐年增加，如何将花生大量转化，确保农民利益不受损失，开发出有中国特色的花生食品引起业内人士的高度重视。鲜食花生、半脱脂花生休闲食品，花生酱、蛋白系列产品将丰富我国花生食品种类，成为花生产业的发展方向和趋势。

4. 花生副产物综合利用越来越受到重视

花生浑身都是宝，花生茎叶具有改善睡眠功效；花生壳中的木犀草素、黄色素具有消炎、降尿酸、抗肿瘤等多种药理活性；红衣多酚具有补血止血、抗氧化、抗肝癌等功效；花生根和红衣中的白藜芦醇可缓解心血管疾病，降低血脂，延缓衰老；高温压榨花生粕可用于加工绿色无甲醛胶黏剂。实现花生副产物绿色高值化利用，能够有效提高产品附加值，减少资源浪费，助推乡村振兴。

四、"十四五"重大科技任务

针对我国花生加工业发展现状和重大科技需求，基于对未来重大发展趋势的研判，"十四五"期间花生加工业科技创新应聚焦以下四大科技任务。

1. 花生加工适宜性评价与专用品种专用工艺

在开展花生加工特性与品质评价、筛选加工专用品种的基础上，以专用品种为原料，建立适度炒籽、适温压榨、速冷凝香的专用制油工艺，适度烘烤、分级研磨的专用制酱工艺，以及高压均质、复合酶处理的专用蛋白加工工艺，有效提升产品品质，破解花生产业瓶颈问题，全面实现我国由花生加工大国向加工强国的转变。

2. 植物蛋白肉绿色制备与智能化控制技术研究与示范

优化植物蛋白肉绿色制备技术工艺，基于中国人的消费习惯，开发系列植物蛋白肉新产品。从肉色、肉味、肉质、肉型和营养 5 个方面研究植物蛋白肉品质提升分子机制。创新发展食品挤压技术装备，提高植物蛋白肉制造技术的智能

化、精准化和个性化水平，建立示范生产线，并在企业示范应用。

3. 花生蛋白基 Pickering 乳液的人造奶油智能制造技术与产品研发

构建基于高内相 Pickering 乳液的人造奶油（结构脂质）替代与定向精准修饰与智能调控新技术，创制针对不同人群的健康、营养、安全的新型人造奶油（结构脂质）、黄油、沙拉酱等产品。研究探明不同食品加工条件下 Pickering 乳液关键结构（域）形成机理，明确高内相 Pickering 乳液关键界面结构与脂质乳液品质功能关联机制，实现智能调控与精准制造。

4. 花生蛋白基绿色无醛胶黏剂制备技术研究与示范

针对当前花生饼粕蛋白附加值低及蛋白基胶黏剂胶合强度低、耐水性差等问题，通过改性交联制备高温花生粕基无醛胶黏剂，改善其物化和防腐性能，并采用扫描电镜、红外、拉曼、核磁等方法对制备的高温花生粕胶黏剂进行结构表征，阐明其胶合机理。优化其加工工艺和加工参数，建立其生产与应用示范线，开发高温花生粕蛋白胶黏剂，绿色无醛多层胶合板、复合地板等系列材料及产品。

2019 年肉品加工业科技创新发展情况

一、产业现状与重大需求

2019 年，我国猪牛羊禽肉产量 7 649 万吨，比 2018 年下降 10.2%，占世界肉类产量的 22.8%，是世界第一大肉类生产国和消费国。肉品加工业逐渐发展成为国民经济支柱产业，是实现三产融合、绿色发展、扶贫攻坚、乡村振兴的重要抓手和战略选择，是满足人民美好生活需求和实现"健康中国"战略目标的坚实保障。

（一）肉品加工业产业现状

1. 肉类产量有所下降，依然位居世界首位

我国肉类总产量一直占世界总产量的 1/4 左右，连续 30 年位居世界首位，充足的肉类资源供给为肉品加工业发展提供了得天独厚的条件。从肉品产业结构看，虽然猪肉从 2018 年的 5 404 万吨下降到 2019 年的 4 255 万吨，但依然占据绝对核心地位，禽肉、牛羊肉产量稳步上升。

2. 肉品加工业是第一大食品加工业

我国肉品加工业快速发展，2019 年上半年，全国畜禽屠宰及肉类加工业主营业务收入达 4 780.3 亿元，占农副食品加工业主营业务收入的 21.25%，高于植物油、水产品、蔬菜水果、焙烤食品、糖果、方便食品、乳制品等产业，是第一大食品加工业。

3. 肉品加工业区域布局逐渐形成

我国肉品加工业区域布局渐趋形成，生猪屠宰加工集中在四川、河南、湖南、山东、湖北、云南、河北、广东，产量占全国的 56.5%；禽肉加工集中在山东、广东、辽宁、广西、安徽、江苏、河南、四川，产量占全国的 55.3%；肉牛屠宰加工集中在内蒙古①、山东、河北、黑龙江、新疆②、吉林、云南、河南，

---

① 内蒙古为内蒙古自治区的简称，全书同
② 新疆为新疆维吾尔自治区的简称，全书同

产量占全国的 53.6%；肉羊屠宰加工集中在内蒙古、新疆、山东、河北、河南、四川，产量占全国的 55.4%。

4. 肉类产品结构逐渐优化

2010—2018 年，我国中高温肉制品比例逐渐降低，由 40% 降低到 35% 左右；低温肉制品比例逐渐增加，由 60% 增加到 65% 左右；低温肉制品市场份额持续扩大，中高温肉制品市场占比则不断减小。1987 年中西式肉制品比重 35∶65，2018 年中西式肉制品比重 55∶45，中式肉制品逐渐成为我国肉类产品消费的主流。

5. 产业集中度显著提高

2018 年，我国牲畜屠宰行业规模以上企业数占行业企业总数的 35.3%，禽类屠宰行业规模以上企业数占行业企业总数的 20.8%，肉制品及副产品加工行业规模以上企业数占行业企业总数的 43.9%。行业产业集中度日趋提高，规模化肉制品加工企业之间的竞争已成为行业主流。2019 年双汇集团（河南双汇投资发展股份有限公司）、南京雨润食品有限公司、临沂新程金锣肉制品集团有限公司三家企业肉制品加工量合计达 200 万吨，占全国肉制品加工量的 20%。

6. 进出口贸易逆差急剧增加

我国肉品需求旺盛，肉品进口量逐年递增。2019 年，我国肉品进口总量超 600 万吨，其中进口猪肉 210.8 万吨，增长 75%，进口牛肉 165.9 万吨，增长 59.7%，进口羊肉 39.23 万吨，增长 22.98%。相反，2019 年 1—11 月，中国肉及杂碎出口量为 31.7 万吨，同比下降 8.2%，肉品出口量显著减低，肉类供给和消费的国际依存度越来越高。

（二）重大需求

截至 2019 年 12 月，我国肉品加工业科技热点聚焦在肉品品质特性评价、肉品保鲜、屠宰分割、精深加工、肉品质量安全等领域，节能降耗绿色化、生鲜肉减损保鲜、肉品梯次加工、传统肉制品工业化、全链条智能化、营养健康、质量安全主动保障是肉品加工业七大产业需求。

1. 节能降耗绿色加工技术

生猪、牛、羊、鸡屠宰耗水量分别为 0.5 吨/头、1.2 吨/头、0.05 吨/只、0.006 吨/只，水耗 7.199 米³/万元产值，能耗 0.099 吨标煤/万元产值，屠宰及肉类加工业废水年排放量 4.63 亿吨、COD 年排放量 11.45 万吨，分别占农副食品加工业的 33.3%、28.6%。屠宰及肉类加工业氨氮年排放量 0.8 万吨，总氮排放量 1.5 万吨，总磷排放量 0.18 万吨，分别占农副食品加工业 44.4%、46.2% 和 53.4%，亟待开发节能降耗绿色加工技术。

2. 生鲜肉减损保鲜技术

我国畜禽宰后加工、销售过程和冷冻肉解冻过程损耗率普遍为 8%～10%，年损耗超过 600 万吨，相当于河南省肉类年产量。我国生鲜肉贮运减损保鲜技术研究起步晚，虽然实现了从"静态保鲜"向"动态保鲜"的转变，但仍需根据我国肉品消费习惯和加工流通方式，研发超快速预冷、亚过冷保藏、冷链物流精准控制、绿色可降解包装材料及智能包装等减损保鲜技术。

3. 肉品梯次加工技术

我国畜禽肉高值化加工类型不多、深度不够、加工层次少、工艺水平落后、标准化程度低。2019 年，我国肉制品产量约为 1 775 万吨，加工率从 2018 年的 20.1%增加到 23.2%，但绝对量相对 2018 年的 1 713.1 万吨仅增加 60 余万吨；畜禽屠宰共产物 3 800 万吨，精深加工率不足 5%，亟待开发共产物高值化综合利用技术。

4. 传统肉制品工业化加工技术

2019 年，中西式肉制品比例由 45：55 调整为 55：45，但 90%以上以中小型企业手工作坊式加工为主，肉制品质量不均一，标准化程度低，品质保真难，热加工多元危害物易形成，安全问题突出；传统肉制品全链条自动化生产线少，亟待突破工业化加工技术，实现传统肉制品规模化、标准化、自动化生产。

5. 全链条智能化技术

2019 年，人工红利进一步压缩，肉品加工业"招工难"成普遍现象。虽然大数据、物联网、5G 传输、云计算、柔性制造等技术蓬勃发展，个别大型企业引进国外西式灌肠、培根、火腿、制丸等智能生产线，但由于产品结构与我国消费模式不匹配导致开工率低。因此，急需基于我国肉类产品结构和消费方式，研发我国肉品加工业全链条智能加工技术，引领肉品加工业技术体系和产业模式重构。

6. 营养健康肉制品加工技术

2019 年，我国人均 GDP 超过 1 万美元，营养健康肉制品成为时代消费需求。高血压、高血糖、高血脂"三高"慢性病患者超过 2.6 亿，60 岁以上人口超过 2.5 亿，低脂、低盐、高蛋白肉制品需求旺盛。随着居民生活水平的提高和肉品消费人群的细化，针对儿童、孕妇、病人、老人、军人、上班族等人群的特殊食品需求日益增加，亟须建立与之配套的营养健康肉制品加工理论体系、技术体系和产业体系，开发不同消费需求的营养健康肉制品。

7. 肉品质量安全主动保障技术

截至 2019 年，我国逐步建立了肉品加工标准体系，规模以上企业均通过 ISO 9000、ISO 22000、危害分析和关键控制点认证，肉品加工质量安全水平大幅提高，但依然存在肉品分级分类不规范，危害因子及追溯体系不健全，热加工危害因子阻控与污染物减排技术体系不完善的瓶颈问题，亟待建立健全的质量安全标准体系、可追溯体系和风险评估预警体系、质量安全主动保障体系。

二、重大科技进展

自中华人民共和国成立到 2019 年，我国肉品加工科技突破了冷冻肉、冷却肉、高温肉制品、低温肉制品、传统肉制品工业化等肉品加工关键技术，肉与肉制品逐渐由冷冻到冷鲜、生鲜到制品、高温到低温、大众消费到特殊人群消费的重大转变。近 10 年间我国肉品加工科技取得重大突破，2013 年 "冷却肉品质控制关键技术及装备创新与应用"、2018 年 "羊肉梯次加工及产业化"、2019 年 "传统特色肉制品现代化加工关键技术及产业化" 和 "肉制品风味与凝胶品质控制关键技术研发及产业化应用" 分别获得国家科学技术进步奖二等奖，这标志着我国肉品加工科技经过引进消化吸收再创新之后向自主创新迈出了重大一步。

1. 冷冻肉加工技术进展

中华人民共和国成立初期我国肉品多以热鲜肉形式销售，其货架期短，包括国储肉在内的冷冻肉成为肉品保鲜的主要形式，先后经历 5 个阶段：1950—1980 年研制生产制冷设备和建设冷库；1980—1990 年规模化冷库成为主要趋势；进入 20 世纪 90 年代冷冻肉需求放缓，冻藏车、冻藏船等被推广使用；2000 年覆盖肉品生产、贮运、销售一体的冷链物流体系开始兴起；2014 年至今，冷冻胴体产品向速冻便捷产品转变，冷冻肉冷链物流体系进一步完善，无线传感、物联网技术开始应用于冷冻肉冷链物流系统。

2. 生鲜肉加工技术进展

1950 年以来，我国生鲜肉消费普遍以现宰现销的热鲜肉为主。20 世纪 80 年代，我国生鲜肉生产过程引入国外冷却肉概念，注重胴体冷却成熟（排酸）和分割过程温度控制（普遍 10～15℃），开始生产冷却肉。2000—2015 年，研发了冷却肉过程管理和仓储包装、温度控制等冷却肉加工关键技术，冷却肉消费量增加至 20%～30%。2016 年至今，研究发现冷却肉适合西式烧烤加工，热鲜肉更适合中式炖煮、炒制、酱卤等加工方式和消费习惯，热鲜肉重新进入我国肉品科研创新和产业应用的视野，超快速冷却、智能包装、活性包装、冰温保鲜、亚过冷保鲜、智能传感等技术应用于生鲜肉冷链物流系统中，有效保障了生鲜肉的生产和销售。

3. 高温肉制品加工技术进展

高温肉制品指高温高压加工的肉制品，其加工技术主要经历三次科技变革：1950—1980 年，采用 121℃以上高温杀菌技术生产铁听罐头、耐高温收缩薄膜包装灌制的火腿肠；20 世纪 80 年代，成套引进西方发达国家的高温肉制品加工技术装备，生产西式蒸煮火腿和高温灭菌火腿肠等产品，高温肉制品消费量在肉制品中占比曾一度高达 67%；2010 年以来，我国肉制品消费结构向高品质、多样化、营养健康的方向转变，高温肉制品市场被低温肉制品逐渐压缩，到 2019 年高温肉制品占肉制品比例下降到 35%。

4. 低温肉制品加工技术进展

低温肉制品加工最大程度保留了肉制品营养和风味。进入 21 世纪，随着变压腌制、低温真空滚揉、真空斩拌、机械嫩化、连续化巴氏杀菌、自动冷却干燥、活性包装等技术装备的研发和产业化应用，双汇集团（河南双汇投资发展股份有限公司）、南京雨润食品有限公司、山东得利斯食品股份有限公司等大型企业开始规模化生产低温肉制品。2010 年之后，随着现代化冷链物流技术装备的快速发展，低温肉制品市场比例快速增加至 65%。2019 年开始，智能包装、智慧物流保鲜技术开始出现，低温肉制品加工进入高新技术加工、冷链物流保鲜、现代数据分析控制三位一体保障阶段。

5. 传统肉制品工业化技术进展

新中国成立初期，传统肉制品加工技术落后，基本上处于家庭作坊生产阶段。20 世纪 80 年代开始，滚揉机、夹层锅、真空包装机、高温灭菌釜等设备应用于传统肉制品加工，扩大了产能，但出现产品品质失真的问题。2000—2015 年，直投式肉制品发酵剂、钠盐替代、脉冲变压腌制、风味保持、快速风干成熟、一体化卤制、连续化油炸、天然产物添加等技术取得突破，传统肉制品加工技术不断革新，提升了品质，实现了规模化生产。2016 年至今，特征品质保真、绿色智能制造技术陆续推出，传统肉制品工业化进入标准、绿色、智能生产阶段。

6. 营养健康肉制品加工技术进展

进入 21 世纪，消费者逐渐追求低盐、低脂、低胆固醇、高蛋白、高膳食纤维、高微量活性成分的肉制品，生产过程通过钠盐替代、成分调配、温和加工、高效保鲜等技术生产"三低三高"类型的营养肉制品。2016 年之后，随着基因测序、智能装备等技术的发展，2019 年植物蛋白素肉、细胞培养肉开始出现。

三、重大发展趋势研判

未来 30 年，绿色、营养、健康食品的可视化与体验将是我国肉品加工科技创新发展的必经之路。根据我国当前肉品加工产业实际、产业需求和发展趋势，高值化、绿色化、智能化、全链条化、方便休闲化、营养健康化将是我国肉品加工科技创新的方向。

1. 高值化

围绕宰后初加工、精深加工、资源综合利用三个重要环节，研发全组分高质梯次加工技术，提高加工效能和利用率，开发一批绿色、安全、营养、美味新产品，实现肉品及共产物全组分利用高值化综合利用，是今后产业追求的重要方向。

2. 绿色化

研发清洁卫生屠宰加工新技术、高效低碳制冷新技术、绿色减损保鲜新方法、环境友好包装新材料，创新多元危害物阻控、污染物减排、添加剂减量新技术，构建肉品绿色、高效、低碳加工技术体系，将成为发展方向。

3. 智能化

针对消费者对个性化肉品的消费需求，将肉品的自动化加工，或生产与销售、配送过程通过物联网、信息通信技术和大数据分析连接在一起，形成的新一代智能制造生产、销售方式，成为未来肉品加工业的热点方向。

4. 全链条化

信息化技术渗透到肉品加工产业链的各个环节，推动肉品加工业全产业链融合，催生新的加工方式、营销模式，推动养殖、加工、餐饮、服务业与一、二、三产业真正融合发展，未来将打造"区块链"式肉品加工、需求一站式智慧产销新模式。

5. 方便休闲化

随着互联网经济、大健康及服务业发展，肉品加工业作为可提供人们休闲、方便预制食品及营养健康食品的产业，将不断创新肉类菜肴方便制品、休闲制品，满足快捷、休闲消费需求。

6. 营养健康化

我国已迈入人均 GDP 1 万美元大关，高品质、营养健康肉品成为时代标志；"三高"人群的增加，老龄化时代的到来，特殊膳食需求人群的分化，个性化定制的营养健康肉品将成为未来发展重要方向。

四、"十四五"重大科技任务

针对我国肉品工业发展现状和重大科技需求，基于对未来重大发展趋势的研判，"十四五"期间肉品加工业科技创新应聚焦以下六大科技任务。

1. 适合我国膳食模式的肉品品质评价与大数据构建

探明畜禽肉原料特性及肉制品加工过程品质变化规律，建立畜禽肉原料品质大数据；研发畜禽肉品质标志物快速、精准、可视化识别和评价技术；阐明畜禽肉宰后不同阶段炖煮、炒制等加工特性，建立品质客观评价方法和评价标准及加工品质数据库；阐明畜禽肉营养成分的协同作用及其健康效应，为营养肉制品个性化制造提供基础数据支撑。

2. 生鲜肉绿色智慧冷链物流

解析生鲜肉贮运过程中物性学基础和组分相互作用机制，建立适合我国膳食模式和饮食习惯的生鲜肉适温冷链物流理论体系；开展生鲜肉绿色保质保鲜技术研究，研发生鲜肉新型冷却、包装等保鲜技术；开展生鲜肉贮藏环境精准控制和在线监测技术，构建生鲜肉全程冷链绿色动态保鲜技术体系，推动从静态保鲜向动态保鲜跨越发展。

3. 传统肉制品绿色智能加工

挖掘传统肉制品工艺特点和品质特性，建立特色工艺与品质数据库；探明特征品质形成、热加工伴生多元危害物形成与阻控机制，攻克传统肉制品特征品质保持、热加工伴生多元危害物控制、污染物自动减排、品质提升与危害物消减协同关键技术；研发集成绿色智能化加工核心装备，开发"最少添加、最低排放、更加安全、更高品质"的传统肉制品，真正实现传统肉制品绿色智能加工。

4. 肉品全组分梯次利用

阐明畜禽肉及屠宰加工共产物的物性学与生物学基础，构建肉品及共产物适度加工及综合利用理论体系；利用仿真模拟、在线监控、智能控制、增强现实等数字化技术，研制智能化加工技术与成套装备，开发绿色、安全、营养、美味新产品，大幅度降低肉品及共产物加工过程中的能耗、物耗、水耗水平，减少危害物和污染物排放，实现高质化全组分利用。

5. 肉及肉制品加工智能化装备

开展肉品加工装备机械材料特性与安全性、数字化设计等新技术、新方法、新原理和新材料研究，着力突破肉品加工过程自动检测、传感器与机器人、智能互联等核心装备，开发智能化、数字化成套装备，构建畜禽屠宰与肉品加工装备智能设计、制造、集成、应用体系，实现畜禽屠宰与肉品加工装备的自动化、智能化。

6. 肉品质量安全主动保障

开展肉品营养功能发掘、质量评价、安全评估技术研究，构建肉品质与安全大数据库；开展危害因子特性研究，创制精准的现场快检产品装备和无损检测设备；开展肉品真实性鉴别与产地溯源技术研究，构建名特优地理产品标准；研发危害物非靶向筛查、精准识别、风险评估、监测预警、现场速测和主动防控技术产品与智能化装备，实现"智能保障"。

一、产业现状与重大需求

（一）果蔬加工产业

我国是世界果蔬第一生产大国，苹果、马铃薯等果蔬种植面积和产量均居世界第一位，但并不是加工大国和加工强国。随着人民生活水平的不断提高和对营养健康、美好生活的追求与向往，对果蔬加工食品需求日益扩大。果蔬食品在居民膳食结构中占有重要地位，含有丰富的植物化学物质等营养功能组分，在平衡和提升膳食营养健康品质中发挥重要作用。果蔬加工产业高效、高值和健康发展是国家重大需求。果蔬加工产业问题和需求包括：①果蔬原料加工特性与物质基础健康机理不明确，缺乏系统的加工适宜性评价技术理论体系，需要实现加工原料专用化；②果蔬原料采后减损与加工过程营养功能品质调控技术问题，需要创新果蔬原料资源梯次加工和高值化利用技术；③果蔬复合食品原料组分互作机理不明确及高效、高值营养健康食品制造关键技术缺乏，需要突破复合果蔬营养食品制造关键技术与装备；④果蔬加工副产物高值化利用率低，营养与功能成分高效提取技术落后，健康作用机制尚未完全解明。

（二）果蔬保鲜与冷链物流产业

2017 年我国冷库总容量达到 4 775 万吨，果蔬库容约占 30%，达到 1 400 万吨；大多集中在山东、上海、广东、河南等地区，贮藏量约为 2 000 万吨。2017 年我国公里冷藏车保有量约为 14 万台，公路运输中生鲜果蔬的冷藏仅占运输总量的 10%～20%，冷藏列车运输的货物只占果蔬运输总量的 25%，运输断链现象严重。2017 年我国冷链流通率仅为 25%，预冷保鲜率仅为 10%，导致采后损失高达 20% 以上，造成集中上市，产品价格低，产品卖不出而倒掉的现象。2017 年美国冷链流通率高达 95%，采后损失仅 3%～5%。提高冷链率、减损增效是我国果蔬采后流通产业的重点和难点。

果蔬产品产量和产值已超越粮食成为我国第一大农产品。但由于我国鲜活果蔬采后产地商品化加工与冷链物流研究与产业化进程起步较晚，技术装备及基础设施相对落后，缺乏适用于我国本土化果蔬采后加工物流需求的技术装备，结构合理性、设备成套性和技术匹配度都远远落后于发达国家，产业效益有限，导致果蔬经常性局部性过剩，供给侧瓶颈问题突出，农民增产不增收。科技创新是果蔬产地加工与冷链物流产业发展的重要支撑，并将起到产业发展的引领作用。建议进一步增强果蔬产地加工与冷链物流科技源头创新和技术装备研发，推动产业结构调整和增长方式改变，为加快产业发展提供科技支撑。

二、重大科技进展

1. 果蔬加工技术设备发展迅速，行业整体水平不断提升

"十三五"以来，无菌罐装技术、超高压杀菌技术、真空浓缩技术、先进组合干燥技术、智能包装技术和超微粉碎技术与装备已在果蔬加工领域得到普遍应用，使我国果蔬加工增值能力得到明显提高。

2. 果蔬精深加工比例逐步提高，产品逐渐丰富

近年来，我国各种果蔬深加工产品日益繁荣，产品质量稳定，产量不断增加，产品市场覆盖面不断扩大。在质量、档次、品种、功能以及包装等各方面已能满足各种消费群体和不同消费层次的需求。多样化的果蔬深加工产品不但丰富了人们的日常生活，也拓展了果蔬深加工空间。

3. 资源综合利用水平显著提升，产品增值幅度明显提高

果蔬资源如等外品、加工副产物（废液、皮、渣、籽、核），以及叶、茎、花和根等原来加工中不能利用的资源，近年来通过功能化、食品化、饲料化、肥料化、燃料化等手段得到了较好的应用。果蔬加工企业对于从环保和经济效益两个角度对加工原料进行综合利用日趋重视，一批原本低价值的农产品转化成高附加值的产品。

4. 果蔬保鲜物流技术取得突破性创新

我国在果蔬包装规模化、一体化冷链、温度监测、食品追溯、生鲜农产品质量等级化技术层面上实现了自主创新。"苹果贮藏保鲜""杨梅、枇杷果实贮藏物流""果实采后绿色防病保鲜"等鲜活农产品贮运保鲜核心技术研发获得 6 项国家奖。开发出水果、蔬菜和水产品等物流核心技术 100 余项，开发了果蔬移动真空预冷技术、水果节能适温储藏物流技术、水果适温物流辅助技术等一批新技术；筛选出 20 余种新型绿色保鲜材料、研制出农产品保鲜剂等产品 80 余种；研制了绿色智能物流集成装备、智能感知标签、物流微环境信息在线感知终端等产

品；研制了冷链物流装备 50 余台（套）；集成制定（订）水果、蔬菜预冷技术或冷链流通等技术标准 20 余项和操作规程 30 余项。形成了苹果、桃、柑橘等农产品物流保质减损的绿色综合控制技术体系。

三、重大发展趋势研判

未来果蔬加工业发展主要趋势为加工原料专用化、采后保鲜与加工技术装备现代化和资源利用高效化。

1. 加工原料专用化

国外发达国家均非常重视果蔬原料生产的专业化和区域化，通过合理布局，为不同种类、不同品种的果蔬安排最适宜的地区进行专业化种植，从而生产出满足贮藏保鲜与加工的最佳品质的原料。以美国为例，果蔬原料生产基地：①根据各自的气候、地理、土壤等条件，专门生产少数几种最适宜的果蔬供应全国，形成比较完善的全国性果蔬生产分工体系；②种植生产少数几种、甚至只生产某种果蔬的某一品种，高度专业化；因为只有优质专用原料才能生产出高质量的加工制品，果蔬加工企业大都建有自己的或有合同关系的种植园（农场）来种植果蔬加工专用品种，如薯条加工采用专用品种"夏波蒂"，薯片加工采用"大西洋"品种，再如用于番茄汁、番茄酱等生产的加工番茄，其可溶性固形物含量、番茄红素含量等都有专门的指标要求；③把果蔬生产的整个农艺过程划分为若干不同职能的专门作业程序，分工交由不同农场去完成，达到果蔬生产工艺专业化。果蔬原料种植生产的专业化、区域化不仅保证了产品的质量适合于规模化、现代化加工，更有利于对其实施全程质量管理并提高加工产品的品质。

2. 加工技术装备现代化

随着现代科学技术的飞速发展，现代高新技术的研究成果快速转化，不断应用于果蔬保鲜、贮藏、加工和流通销售领域。例如：基因工程技术、气调技术、膜技术、酶技术等应用于采后贮藏保鲜；现代果蔬分级包装系统，采用光学分析、自动化控制和计算机管理技术等系统合成高新技术；现代生物工程技术、电子技术、信息技术、冷冻干燥技术、微波技术、超高压技术、冷冻浓缩技术、无菌冷灌装技术、非热加工技术、超临界流体萃取技术等具有智能化、高效化、连续化的技术、装备在果蔬加工过程中进一步得到应用和推广，大幅度降低了劳动强度、提高了劳动生产率，并极大地改善了产品质量，使果蔬加工产品的增值效益越来越好。

3. 资源利用高效化

发达国家强调对果蔬加工梯次利用和全利用，通过采用"清洁生产技术"，实现"零排放"，不仅解决了环境保护问题，还增加了产品的附加值。一方面，果蔬的保鲜加工以产地为主，减少废弃物的产生。由于果蔬大多在收获后衰老速度很快，再加上许多果蔬收获季节温度较高，促进了其衰老、腐败，所以世界各国纷纷将果蔬产后加工处理、特别是采后初加工设在产地附近，以求尽可能地提高加工产品质量并降低废弃物的数量，增强市场竞争力。发达国家的许多大型的果蔬采后工作站就建在产地，其清洗、分级、加工、包装和贮藏、运输设备都很先进，加工能力很强，保证了产品的质量，并由此获得了较高的效益。另一方面，果蔬加工资源的高效利用主要集中在三个领域，一是对传统产品，通过高新技术改造传统工艺、研发新产品；二是加强对果蔬加工过程中产生的副产物和下脚料进行综合开发利用；三是对果蔬非商品原料、其他可食用部分等进行全组分高值利用。

4. 保鲜与冷链物流智能化

国际生鲜农产品保鲜产业正在向高技术、智能化、低能耗的方向发展，欧美发达国家对果蔬采后生理病理机理进行了深入研究，已围绕自身果蔬产业特点和需求，形成了现代化的产地商品化加工与冷链物流体系，建立了品质保持、适贮环境、精准控制、全程不间断的智能冷链物流保鲜体系，保障水果蔬菜"从农田到餐桌"全程处于适宜环境条件下，果蔬冷链流通率 95% 以上、预冷保鲜率为 80% 以上，物流损耗率仅为 1%~2%，损耗率低于 3%~5%。我国果蔬贮运保鲜技术研究起步晚，主要对蔬菜、水果开展了静态保鲜技术研究，开展了高效低碳制冷、活性包装材料、果蔬绿色防腐保鲜等关键技术研究，逐步应用到冷链物流系统当中，开始由"静态保鲜技术"向"动态保鲜技术"转变。

四、"十四五"重大科技任务

1. 果蔬采后贮运保鲜减损与精准调控技术研究

开展贮藏环境智能化监控设备研发，建立集控温、控湿、调节 CO_2 浓度等功能于一体的果蔬（马铃薯、甘薯等）节能型、智能化贮藏设施；研发采后愈伤、防绿、抑芽保鲜技术及节能通风贮藏库（窖）；研制高效安全保鲜剂、保鲜材料、微生物源抑菌剂及生物诱抗剂，制订病害防治技术规程；研究贮藏过程中生理病害和侵染性病害的发生机理和诱因，开发病害快速检测技术；研发适合果蔬大流通采收、运输一体化包装技术及装载技术，实现运输托盘化、集装箱化和有效监控；通过采后贮藏运输技术装备熟化与集成，形成果蔬采后高效贮运及减损技术新模式，实现产业化示范。

2. 果蔬物质基础挖掘、加工适宜性评价与营养健康机理研究

以苹果、马铃薯、甘薯、桃等果蔬为研究对象，收集我国主栽地区代表品种，并对不同品种原料的感官、理化、特征物质、营养功能组分、加工品质及制品（主食/休闲食品/汁/干）的食用品质和营养功能品质指标进行测定，构建国家原料和加工制品品质基础数据库。采用营养组学、代谢组学和食品组学等分析手段多模型优化算法，构建制品品质与原料品质、特征物质关联的人工神经网络模型，建立基于原料品质预测制品品质的量化预测模型与综合品质评价系统方法，为果蔬特性化加工和精准食品制造提供科技支撑。

3. 果蔬加工品质形成机制与调控技术研究

开展果蔬提质增效加工关键技术研究，阐明加工过程中大小分子营养功能组分（蛋白、淀粉、果胶、酚类、类胡萝卜素等）与品质变化规律及分子间互作机理，构建果蔬产品（主食、休闲食品）质构稳定性与功能品质提升的调控技术。研究护色、蒸煮、调配、速冻梯度降温程序、冷冻保藏等工艺条件对甘薯和马铃薯泥色泽、营养与功能成分、黏度等品质指标的影响，建立优质薯泥加工关键技术，提升薯类原料的二次加工适应性，为开发营养健康、低成本薯类主食及休闲食品奠定物质基础。建立果蔬干燥过程传质传热精准干燥模型，阐明果蔬联合干燥机理和产品品质形成机制，开展节能提质联合干燥技术与装备研究，开发自动化控制装备。开展果蔬粉体制备工艺过程中玻璃化转变与品质变化的关系，构建干燥过程中包含粉体水分含量、粉体温度、干燥介质温度及粉体玻璃化转变温度等的状态图，优化制备工艺；同时基于玻璃化转变理论，开展粉体高效制备品质变化规律及贮藏稳定性研究，探索基于组分包埋的玻璃化转变调控技术。

4. 果蔬加工副产物综合利用及营养健康食品创制技术研究

开展果蔬加工副产物（薯渣、浆液、甘薯茎叶等）营养与功能成分（蛋白、膳食纤维、果胶、多肽、多酚等）绿色高效制备技术研究，创建果蔬加工副产物中营养与功能成分绿色高效制备关键技术；开展上述营养与功能成分抗氧化、降血糖、降血压等生物活性研究，明确其生物活性及作用机制；研究蛋白、多糖等食品组分对副产物中功能成分的稳态调控作用及其分子机制，创建

功能因子稳态调控技术；开展副产物营养与功能成分在复杂食品体系中应用技术研究，研发适合老人、儿童、孕妇、糖尿病患者等不同人群食用的主食及休闲食品；实现副产物营养与功能成分高效制备-稳态调控-新型食品创制技术集成与示范。

一、产业现状与重大需求

中式食品是我国居民膳食的主体，占我国居民日常食品消费的 80%。中式食品加工产业的原料消耗占食用农产品总量的 85% 以上，是农产品加工业的重要组成部分，也是我国食品工业的主要载体，目前已成为我国"稳增长、调结构、惠民生"的支柱性产业之一。瞄准国家战略和行业需求，大力发展中式食品加工产业，是实现中华民族伟大复兴和美味中国梦的重要需求。

（一）中式食品加工产业现状

中式食品深受消费者喜爱，具有广阔的市场空间，但传统的作坊式生产已无法满足当今的社会化需求，国外跨国食品企业正侵吞中式食品的消费市场。近年来，中式食品的发展取得了一定进步，尤其是传统主食的工业化发展速度明显加快，但中式食品工程化整体水平不高，机遇与挑战并存。

1. 中式食品工程化市场空间广

随着我国城镇化率和居民生活水平的快速提高，城乡居民的烹饪时间逐渐减少，但同时对食物的要求却越来越高，无论对餐馆还是对家庭，作坊式的手工操作已无法满足这一需求，中式食品作为我国居民食物消费的主体，以中式食品工程化加工为基础的家庭厨房社会化将成为一种必然趋势，并随着城镇化进程的加快，家庭厨房的社会化需求会越来越大，中式食品工程化加工具有广阔的市场空间。

2. 中式食品工程化整体水平偏低

长期以来，我国对中式食品工程化技术缺乏系统研究，原始创新技术与装备非常匮乏，大多数中式食品仍沿袭传统工艺，工程化加工水平滞后于我国农产品加工科技总体水平，更是落后于发达国家传统食品的工程化水平。目前我国实现工程化加工的中式食品比例不足总消费量的 20%，远低于发达国家本土传统食品工程化 70% 的水平。中式食品加工业的木桶短板效应日益突显，已成为制约我国农产品加工业快速发展的瓶颈。

3. 中式食品加工技术创新能力不强

中式食品加工原料来源丰富，品种多样，但原料标准化研究不足，使许多中式食品取材难以统一，生产规模难以扩大。加工中品质形成与保持机理不清，许多加工方法"只知其然不知其所以然"，使得质量难以控制，加工难以规范，产品质量参差不齐。中式食品是我国独有的传统食品，发达国家没有现成的基础理论和工程化技术可供引进和借鉴，现有基础理论多为"西洋景"，指导我国中式食品加工发展"水土不服"，急需全面提高中式食品科技水平和原始创新能力。

4. 中式食品工程化技术装备严重缺乏

技术装备水平是一个行业发展的标志，也是行业发展的保障。中式食品加工装备主要还是仿制国外产品，引进后稍加国产化改进，难以做到开发创新。单机设备多，连续化成套加工设备缺乏，尤其是规模化、智能化的工程化装备紧缺，与欧美等发达国家差距较大。整体水平较发达国家落后近 20 年，主要是与一些关键技术领域自主创新能力的滞后有关，缺乏食品本身科研成果的基础性支撑。

（二）重大需求

1. 中式食品原料加工特性与品质评价技术

我国对中式食品加工原料的加工特性与品质评价研究起步较晚，目前虽确定了部分品种的加工适宜性，但研究理论尚未形成体系，且中式食品加工原料来源丰富，品种多样，目前研究远没能覆盖中式食品加工原料，无法有效指导专用原料基地的建立和生产。原料加工特性与加工品质评价急需加强。

2. 中式食品加工过程中品质变化与调控技术

我国基于中式食品工程化的品质变化与调控研究基础还十分薄弱。尤其是中式食品加工过程中风味、质构等品质调控机理研究较少，丙烯酰胺、杂环胺等有害物的生成与防控机理不清，产品品质和食用安全性难以保证，成为制约行业快速发展的瓶颈。未来应加强中式食品品质形成规律研究，开发提高食用品质的关键共性技术（新型腌制、卤制、包装技术等），建立食用品质、加工品质、卫生品质的控制保障体系。

3. 中式食品工程化技术与装备

我国中式食品工程化技术与装备研发起步晚、基础差，在生产规模、自动化及标准化程度上差距很大。以金华火腿为代表的中式火腿生产为例，国内大型企业年生产能力也不过 5 万只左右，同时缺乏专用加工技术装备，企业只能靠引进西式火腿工程化技术，存在不适应性。必须进一步加强传统食品加工生产设备的开发研制，开发我国中式食品产业急需的规模化、连续化、工业化生产关键设备，研制开发具有我国自主知识产权的特色食品加工先进设备，重点开发自动化智能型生产设备、自动化在线或定位检测设备，提高我国中式食品加工关键设备的自给率。

4. 资源化加工利用技术

中式食品加工过程中的许多关键工序，如清洗、去皮、切分、烹调、杀菌和冷却等加工过程中产生大量的副产物，如骨血、前处理剩余物等均未得到高效利用，甚至有些厂家还直接排放，既浪费了资源，又污染了环境。未来应建立节能减排、绿色生产技术研究，开发节约能源、降低污物排放、环境友好型的加工技术，建立低碳循环型经济。加强对畜禽血液、骨组织、畜禽脏器等的可食用资源的利用研究，研发畜禽副产物增值利用技术，开发酱卤产品、调味产品、汤羹类等高附加值产品。

二、重大科技进展

中式食品工程化研究起步相对较晚，但随着近年来国家扶持，尤其是农业农村部 2012 年实施"主食加工业提升行动"，我国在中式食品工程化加工方面也取得了长足发展，尤其在酱卤肉类菜肴、畜禽骨副产物资源化利用方面取得重大突破。

1. 酱卤肉类菜肴工程化加工关键技术创新

（1）创建了酱卤肉类菜肴特色品质保持技术，解决了工业化加工风味失真/风味丢失的问题。解析了我国酱卤肉类菜肴特色风味剖面和构成，阐明了风味形成与发育机制，绘制了风味地图，为酱卤肉类菜肴工业化风味保持提供支撑；研制了原位美拉德增香与自源性滋味增益技术，产品特征风味含量、鲜味值分别比传统酱卤工艺提高 70%、110%。

（2）研发了酱卤肉类菜肴加工损耗控制技术，破解了原料肉利用率低、卤煮损失大的瓶颈。研制了原料肉静电场辅助冻结-解冻技术，冰晶直径比常规 -18℃冻结缩小 80%、解冻汁液流失比自然空气解冻降低 50%，冻结、解冻时间分别缩短 60%、40%以上；创建了无老汤定量卤制技术，出品率比传统酱卤工艺提高了 6~8 个百分点，批次间质量差异率低于 1%。

（3）突破了酱卤肉类菜肴工程化流程再造技术，发明了定量卤制核心装备，解决了费工耗能、效率低的难题。发明了原料肉静态变压腌制技术装备，腌制效率提高 30%，均匀度提高 42%，研制了一体化定量卤制技术装备，效率提高 3.3 倍，节能 50% 以上，吨产品所需工时由 96 个降至 28 个。

该成果颠覆了酱卤肉类菜肴"小锅换大锅"的生产方式，对促进我国酱卤肉类菜肴产业技术升级，起到了原创性的推动作用。入选 2018 年全国农产品加工业十大科技创新推广成果，获 2019 年度中国农业科学院杰出科技创新奖。

2. 中式菜肴工业化关键技术研究与示范

突破了长货架期菜肴杀菌和货架期延长关键技术，研制红烧肉、土豆烧牛肉等软包装菜肴 5 种，货架期达 2 年以上；研发了食品过热蒸汽调理关键技术，明确过热蒸汽传热传质规律，研制了过热蒸汽调理装备；建立了食品自热包产热、产气检测方法，研发了释热测量装置，为食品自热包品质评价奠定了基础；探究了食品自热过程中的传热规律，为自热食品研发提供了技术支撑；研发了腊肉方便菜肴工业化加工技术、装备和系列产品，参与获得国家技术发明奖二等奖一项。

3. 骨胶原蛋白肽与硫酸软骨素联产关键技术

（1）创制了原料骨汽爆液化提取技术装备，突破了有效组分提取率低的瓶颈。研制了瞬时弹射蒸汽爆破技术装备，单元操作时间由传统的 6~8 小时缩短到 20 分钟以内，实现了原料骨的高效液化，偶联酶膜分离技术，硫酸软骨素回收率超过 90%，构建了的无碱绿色制备技术体系。

（2）发明了水热液化-梯度酶解-膜法分离技术，实现了骨多糖与胶原蛋白的无碱拆分与高效绿色联产。创制的水热技术，实现了营养组分的无碱同时提取，利用梯度双酶解与膜组合分离技术，硫酸软骨素与胶原蛋白肽的联产回收率均超过 90%，硫酸软骨素纯度达到 93.58%，高于美国药典 USP38-NF33 标准。

（3）发明了复杂混合体系中硫酸软骨素的高效定向吸附分离技术，极大地拓展了硫酸软骨素制备的原料来源。采用食品级大孔径树脂循环动态吸附-解析骨提取液中的硫酸软骨素，回收率达 67.35%，纯度超过 90%。

三、重大发展趋势研判

1. 中式食品工业化成为必然趋势

随着消费水平的不断提高和工作、生活节奏的加快，人们需要更多的时间用于工作和学习，这就需要减轻家庭厨房的劳动负担，家庭厨房的社会化逐渐兴起。中式食品是我国居民膳食的主体，通过中式食品的工程化生产来实现其社会化供应，是未来食品发展的必然趋势，并且随着大型中央厨房生产模式的兴起，将中式食品工程化生产技术延伸入餐饮产业领域。

2. 连续化、成套化、智能化加工装备是发展方向

食品机械在食品工业发展中所扮演的角色日益重要，在食品工业发展质量上发挥着决定性的影响。我国在中式食品加工相关机械设备方面是短板，许多产品主要还是仿制国外产品，引进后稍加国产化改进，难以做到开发创新。中式食品加工装备的发展必然要适配未来大规模生产的需求，连续化的成套加工生产设备更能达到高效节能的效果，帮助加工企业获得最佳的经济效益，是食品加工装备的发展方向。同时，智能化技术使得人、机械相应的软件之间实现了较好的沟通和交流，装备行业将会更加注重智能化和自动化，并且会朝着更高端的信息一体化的方向前进。

3. 资源化利用越来越受到重视

节约资源和保护环境是我国的一项基本国策，必须树立和践行绿水青山就是金山银山的理念。中式食品占我国居民日常食品消费的 80%，且年消费增长率接近 30%，许多关键工序，如清洗、去皮、切分等加工过程中产生大量的副产物，如骨血副产物等均未得到高效利用。随着我国生物酶解或发酵、高效分离提取等无废弃物产生的技术应用，中式食品加工更加强调资源化利用过程中的节能减排和清洁生产，并将资源节约与循环利用作为未来的主要研究方向。

四、"十四五"重大科技任务

1. 中式食品炖煮过程中的品质形成与保持

炖煮是中式食品的典型特色，炖煮类食品也是消费量最多的一类中式食品。自古就有"小火慢炖"等经验总结，但对其潜在机理并不清楚。研究中式食品炖煮过程中食品风味、质构、颜色等食用品质的变化规律，重点揭示中式食品的酸、甜、苦、咸、鲜、脂肪味等基本味的相互搭配、呈味特征；原有风味物质（香味和滋味）的保存和新风味物质形成与转化规律；主料与调味辅料在炖煮过程中风味物质形成的耦合规律；热加工过程中火候与呈味的关系规律，研发风味定向控制技术；无氧环境下炖煮对滋味优化及控制技术；过热蒸汽等新型热媒方式对中式食品热加工过程中品质的影响等。

2. 中式食品加工工艺的工业化适应性改造

重点针对炖煮肉类菜肴和汤羹类菜肴两类中式食品，开展传统工艺的工业化适应性改造研究，使其既能满足工业化生产的要求，又可保持传统品质特征不丢失。质构与保形工艺的工业化适应性改造；色泽固化工艺的工业化适应性改造；传统腌制、卤制、包装、杀菌等调理方式的工业化适应性改造；营养保全及低盐、低糖与低脂等健康调理方式的工业化适应性改造。

3. 中式食品加工共性关键装备创制及生产线集成

针对中式食品加工通用装备适应性低、专用装备缺乏，自动化技术水平不高，卡脖子严重的突出问题，采用柔性设计、仿真优化、信息感知、数控集成等技术方法，开发适用性广的原料清洗、不同烹饪工艺（蒸煮、卤制、炒制等）、减菌、高速包装、高效清洗共性关键设备，降低设备投资费用，将关键装备、相关配套设备和全程控制的软件系统等进行技术集成，研制生产效率高、自动化程度强、标准化精度高、运行成本低的中式食品加工生产线；开发连续化工程制造、新材料与新包装等核心关键技术，集成具有节能减排特征的食品先进制造技术与装备，形成技术体系和产品标准，创制系列新产品，实现产业化示范。

4. 中式食品加工副产物的高值化利用

中式食品加工过程中会产生骨、血等副产物，而汤羹类食品加工中会用到畜禽骨，如何高值化利用畜禽骨副产物对实现中式食品资源化加工，提升产业价值具有重要意义。研发畜禽骨高效破碎前处理技术，优化啮齿辊轮"抓料-咬合"设计，研发原血高效抗凝、膜分离浓缩前处理技术；探明畜禽骨水–热选择性同步提取物质迁移规律，开发"水–热"选择性同步提取技术和血连续化分离、血球破膜技术；研发骨提取物组合梯度酶解、高效拆分技术，筛选产酶发酵菌株，优化发酵工艺，提高血液蛋白水解率，研发骨血营养组分联产工艺；研发骨素、骨血蛋白肽等系列新产品，并实现产业化生产，构建畜禽骨血营养全组分高值化利用技术体系。

5. 应急救灾食品制造关键技术与应用

目前我国应急救灾专用食品品种少，连食性和方便性差、技术水平不高、专用装备缺乏、标准体系不完备等问题突出，根据应急救灾环境中人群的营养需求特点，在现代营养学理论和食品加工技术的基础上，开展应急救灾专用食品配方定向设计、原料筛选与适应性处理、制造关键技术突破、自热技术创新、核心加工与监测装备创制、系列产品品类研制、定制化生产示范等研发工作。尽快构建起我国应急救灾食品工程化技术体系，以产品技术的确定性应对应急救灾的不确定性，推动我国应急救灾食品工业向自动化、智能化、智慧化生产迈进，实现应急救灾食品生产、加工、供给、消费的全时空保障。

专题六 2019 年功能性食品产业科技创新发展情况

随着国民经济的不断发展，我国居民膳食营养状况总体改善，但仍面临严重、复杂的营养问题，严重影响我国人口健康。一方面不合理的膳食结构已造成严重的健康负担，由于营养过剩和不均衡等因素造成的肥胖、糖尿病等代谢综合征和慢性病高发；另一方面，贫困地区儿童生长迟缓率仍然居高不下，儿童、妇女和老年人群中存在严重贫血问题等营养不足的现象仍然存在。我国正处于膳食与疾病发展的转折阶段，在营养与健康问题上，正面临巨大挑战。功能性食品作为健康产业的重要组成和健康膳食的必要载体，在国民营养健康中发挥着愈加重要的作用。

一、产业现状与重大需求

近些年来，全球功能性食品保持高速发展的态势，产品不断升级，市场规模持续扩大。我国功能性食品也进入快速发展期，消费需求旺盛，市场潜力大，但是相比而言，产业水平较为落后，仍然存在品种相对单一、市场集中度较低、核心科技供给不足与产业升级迫切需求不匹配、基础理论研究缺乏创新等突出问题，迫切需要实施科技创新，推动产业发展。

1. 消费需求旺盛，市场潜力大

我国正全面进入营养健康时代，消费者健康意识不断增强，对功能性食品的需求迅速增加，已成为全球第二大功能性食品市场。2018 年，我国功能性食品产值为 3 300 亿元，预计到 2030 年，市场规模有望突破 8 000 亿元。

2. 功能性食品数量较多，品种相对单一

我国功能性食品数量较多，达 2.8 万余种，每年新增 800 余种。但产品类别相对集中，其中维生素和膳食补充类产品市场规模占比 54.3%，其次中草药（滋补类）类产品占比 32.7%，儿童类产品占比 7.5%，体重管理类产品占比 4.7%。亚健康类疾病相关的功能性产品缺乏，供需不平衡；大部分产品处于第二代功能食品阶段，存在低水平重复现象。

3. 功能性食品企业众多，市场集中度较低

我国现有功能性食品企业 4 000 多家，投资在 1 000 万元以下的小型企业约占 67%，投资总额在 1 000 万元至 1 亿元的中型企业约占 30%，其中投资总额在 1 亿元以上大型企业所占比例约为 3%。市场占有率最高的企业汤臣倍健占 7.6%，前五大品牌市场占有率为 20.3%，与澳大利亚、日本等国家相比存在较为明显的提升空间。随着市场发展，行业整合逐渐显现，呈现良好的发展态势。

4. 核心科技供给不足与产业升级迫切需求之间发展不平衡

我国功能性食品正处于从二代产品向三代产品转型升级的过程，核心科技供给不足已成为产业转型升级的重要瓶颈。尤其是我国功能性食品特色原料资源挖掘不足，专用品种缺乏，功能性产品配伍机制不清、量效/构效关系不明，功能成分利用率低、产品功效与国外产品有差距等方面急需在原始创新领域取得突破。

5. 基础理论研究缺乏创新，以分子营养为基础的学科交叉融合成为提升原创力的新模式

膳食—营养—健康之间的相互作用和机制尚未明确，营养素/功能因子的量效关系缺乏全面系统研究，影响功能性食品产业的创新性；食品生物工程技术、组学以及功能评价技术等还处于起步阶段，在核心关键点还未突破，影响功能性食品产业的竞争力；缺乏对不同地区、不同生理状况、不同遗传背景人群各种营养不良的原因的深入研究探索，没有形成针对性的干预技术；个体化、智能化功能性食品缺乏，亟须开展以分子营养为基础的学科交叉融合科技创新，提升功能性食品原创力。

二、重大科技进展

随着"健康中国 2030"计划的提出，营养健康产业对功能性食品制造提出新的科技需求。目前已取得的科技进展主要表现在以下几个方面：膳食-肠道菌群-人体健康相互关系的理论研究、基于大数据的个性化营养设计以及新资源挖掘和开发等。

1. 膳食-肠道菌群-人体健康相互关系的理论成果助推肠道菌群调控功能性食品发展

随着对肠道菌群结构和功能的不断挖掘，越来越多的证据表明肠道菌群与宿主健康密切相关。随着营养代谢基因组学和肠道微生物菌群与人类健康关系等现

代营养与功能学研究的新进展和新发现，肠道菌群被证明与宿主健康密切相关，而膳食因素是影响肠道菌群结构和功能的重要因素，肠道菌群也成为膳食功能因子调控健康研究的着眼点，有关膳食-肠道菌群-人体健康关系的研究成果突显。针对肠道菌群的功能性食品具有广阔的市场前景，该类产品的开发成为热点。目前，全国已有多个企业研制了肠道菌群调控功能性食品，尤其是益生菌饮品深受消费者信赖和喜爱。

2. 大数据的个性化营养设计为功能食品开发提供新视角

2014 年，"大数据"首次进入我国政府工作报告，从此大数据引发推动人类进步的又一次新信息技术革命。通过应用大数据的相关理论，结合我国营养健康领域的实际情况，探讨了大数据对慢性病防控、疾病预测、个性化健康管理、食品风险评估等方面的影响，为营养健康领域的研究提供了新的视角。瞄准"治未病"，深圳华大基因股份有限公司将基因科学和食品科学相结合，靶向设计食品营养，精准制造个性化食品，研发"精准食品"，让"治未病"理念实现产业落地。这是人类健康的发展方向，更是食品科学、营养工程的使命。华大基因已经测试了 100 种药食同源产品，如菊芋（洋姜）、芦荟、黑枸杞等。同时，华大基因在 *Nature*、*Science* 等国际一流杂志上发表论文近百篇，参与完成国际人类基因组计划中国部分，已经将其基因研究的领域拓展至医学、环境和农业等多方面，奠定了中国基因组科学在国际上的领先地位。

3. 新资源挖掘与开发为功能性食品制造开辟新途径

我国既是动植物资源大国，也是新资源食品生产和消费大国。在新时代，利用现代科技充分挖掘中药材、药膳、药食同源等资源，开发新资源食品，已是我国食品工业升级，国民健康保障，产业经济发展的重要组成部分和崭新的科技命题。新资源食品原料安全性、真实性、功能性评价技术是世界食品科技发展重点和前沿领域。在安全性评价及检测技术研究领域，基于产区、品种、代谢组学技术，开始建立系统的安全性评价及检测技术体系；在真实性验证方面，植物"指纹"技术、DUS 技术（植物新品种的特异性、一致性和稳定性鉴定技术）、地理信息系统、生物学、生态学理论与技术的应用，开始逐步建立起系统的真实性验证技术体系；功能性研究领域，基于不同分子的构效关系、量效关系和组效关系研究不断深入，细胞实验、动物实验及分子生物学技术的成熟，将功能性食品研究推进至细胞水平和分子水平。低聚肽、水苏糖、γ-氨基丁酸、白藜芦醇、白桦酸、二十八烷醇、D-阿洛糖、D-塔格糖、酮糖胺、辛弗林等一大批新功能成分随之被发现，并得到产业界强烈关注。

4. 新兴技术对功能性食品转型升级的引领作用逐步突显

与世界先进水平相比，我国功能性食品领域的基础与应用自主创新能力弱，源头创新不足，关键核心技术研究相对滞后。但是随着仪器分析和生命科学技术的不断发展，新技术手段不断应用于功能性食品行业，逐步引领产业转型升级。多组学技术、高效浓缩、感官评价分析、膜分离等前沿食品分析、评价和生物技术不断突破，为功能性食品的开发提供了新途径；物性重构、3D 打印、风味修饰、质构重组、低温加工和生物制造等关键技术与装备研发极大地推动了功能性食品的发展；以合成生物学、酶工具定向转化为基础的生物制造使得功能因子工程化和定向生产逐渐成为现实。

三、重大发展趋势研判

基于全球功能性食品领域发展规律，结合我国市场特点，我国功能性食品产业未来将向着日常化、科学化、个性化和现代化方向发展。

1. 满足日常化"治未病"需求，产品形态食品化

国际上功能性食品针对人群包括疾病人群的辅助恢复、亚健康人群的保健、大众人群的健康管理。而我国目前功能性食品 70%以口服液、胶囊、冲剂、粉剂等形式存在，消费人群多为疾病人群和亚健康人群。在倡导"治未病"的趋势下，未来功能性食品将更多用于大众人群的日常化健康管理和疾病预防，产品形式也将更加趋于"食品化"。

2. 引领营养导向型农业转型升级，产品创制科学化

实现功能食品全产业链有序创新是未来产业发展的核心驱动力。利用现代育种技术，实现功能性食品原料专用品种化，推动农产品供给侧结构性改革，引领营养导向型农业转型升级。构建功能性食品量效、构效关系理论体系，突破功能因子高效利用技术体系，实现我国功能性食品科学化创制和产业升级。

3. 满足精准营养需求，产品趋向个性化

国民营养健康的发展将经历一般性大众干预、重点人群干预和个性化精准营养三个阶段。在这一大趋势下，未来我国功能性食品消费必将从一般性、大众型消费为主向个性化、定制型精准营养消费转型。根据不同人群和个体的遗传背景、职业特点、健康状态、生理状态、饮食状况等，研制针对不同人群的特殊营养强化食品、专用型健康食品和个性化定制功能食品。

4. 传统资源优势结合高新技术，产品业态现代化

我国拥有历史悠久的中医理论、食疗养生和食药同源的理论基础，中草药（滋补类）产品是我国功能性食品市场的一大特色。依托我国特有的食药同源等原料资源，结合现代化食品加工技术，实现药膳、特膳等我国优势功能食品产业化、标准化、现代化，是未来我国功能性食品实现变道超车的重要路径。

5. 多学科交叉融合成为功能性食品科技创新和产业转型升级的重要驱动力

多学科交叉融合创新是未来包括功能性食品在内的整个食品产业的核心竞争力。全球食品科技创新已从单一环节的创新转变为全产业链的链条式交叉融合创新，世界各国都在推进大数据、云计算、物联网、人工智能、区块链、基因编辑等信息、工程、生物技术、营养学等多学科深度交叉融合，推动食品科技创新系统化链条化布局。

6. 营养靶向设计和功能性食品精准制造成为新的发展态势

发达国家将食品科学、生理学、营养学、免疫学等学科有机结合，应用于健康食品构效关系及稳定性研究，将生物工程、基因工程、现代营养设计等先进技术应用于健康食品制造，开发出系列高品质健康食品。全球食品产业通过不断与高新技术渗透融合，正向可预测性的高品质、高营养、高技术含量产品研发和制造方向发展。

四、"十四五"重大科技任务

针对制约未来功能性食品产业发展的技术瓶颈与关键难题，围绕产业链中核心环节的前沿基础问题、共性关键技术难题和技术集成示范的突破与需求，按照功能挖掘、营养设计、绿色加工、装备研制、新产品开发等科技创新链条，从基础研究、前言技术、产业化示范等层面，布局功能性食品"十四五"重大科技任务。

1. 新食品原料数据库构建与开发应用

全面梳理我国独特的或与大宗加工产品密切关联的新食品资源的区域性分布。从地方传统食品、少数民族食品、药膳、药食同源资源、中药材等动植物资源中发掘具有传统性和传承性内涵的新食品资源；深入挖掘新食品原料营养成分和功能因子，构建营养成分指纹图谱；根据新食品资源食材的特征与使用特点，建立功能成分高效提取分离、量化重构、稳态化的工艺和质控体系；综合采用体内外模型，探明新资源食品在体内的消化、吸收、转运、代谢规律及调控机制，

明确其营养健康功能及构效关系，以此建立国家新资源食品基础数据库，建立"新食品原料–功能成分高效制备–功能评价–产品开发"的技术研究体系，开发高附加值产品。

2. 中国人群膳食营养健康大数据库构建

围绕我国人群营养健康大科学数据库，重点开展：①不同地域人群的结构性膳食模式。以大人群营养调查和营养队列数据为基础，分析不同地域全人群膳食结构模式，研究不同膳食结构的食物构成、机体吸收代谢特点、生理需求状况等特征；分析影响我国膳食结构变迁的多种环境因素，发现其变迁转化规律，解析结构性膳食模式变化趋势并提出科学的预测模型。②膳食营养素需要量数据库。依据膳食模式和遗传学背景，研究我国人群营养代谢规律和需求特点，为建立以我国人群营养数据为基础的 DRI 提供科学依据，制定特殊人群重点营养素的参考摄入量；研究并建立基于人群基因组和蛋白组学所确定的表征营养素代谢通路关键环节的标志物组。③建立食物消费信息数据库。建立覆盖不同区域、不同产品、不同人群的食物消费监测体系，科学布局监测点（站），分析不同区域、不同收入人群对食物的消费特征和偏好，引导食物营养有效供给。

3. 基于组学技术的膳食–营养–健康关系研究

利用现代分子营养组学、代谢组学、基因组学、现代分子生物学等技术手段解析膳食功能因子对人体靶基因表达的影响；针对肥胖、糖尿病、血脂异常、炎症、神经损伤等疾病，利用体内外模型，从分子、细胞和动物水平等阐明功能因子的营养健康功效及其作用机制，并明确其构效关系以及不同生理/病理状态下机体健康需求的剂量范围与效应标准；通过计算模拟、计算揭示功能因子之间的协同作用；利用基因组学、宏基因组学、微生物组学等组学技术，结合大数据分析和生物信息学，阐明膳食–营养–健康之间的相互作用及其机制。

4. 肠道微生态膳食调控与精准营养靶向设计

基于代谢组学、基因组学和微生物组学等组学技术，解析不同人种、不同性别、不同膳食模式生命全周期人群的肠道微生物组成和结构特征，分析不同肠道微生物结构对不同膳食成分的代谢及利用差异，探究膳食成分–肠道微生态–代谢疾病的相互关联，提出基于我国人群肠道微生态特征的健康膳食结构；针对各类营养素、功能因子或其复配成分，系统开发新型微囊、脂质体、纳米载体等稳态化和递送技术，建立定点、定时、速效、缓释、高生物利用度或特定器官靶向释放等不同需求或其组合的成套解决方案。

5. 健康食品功能因子关键技术开发

利用现代分子生物学、细胞生物学、代谢组学、分子营养学、色-质谱学等多种技术手段,开发出食品功能因子对代谢异常、肠道菌群紊乱、脂质功能异常、神经损伤、光老化和癌症等作用的快速高效筛选与鉴定技术;针对相应功能因子,开发出相应的绿色高效制备技术;针对食品功能因子在制备、应用、贮藏、摄食过程中稳定性差,释放、吸收效率低而影响功效发挥的关键共性问题,突破类胡萝卜素、植物多酚等植物化学素不同单体、空间异构体生物活性评价与控制技术,提高其生物效价;构建食品功能因子的高效载运体系,实现其体外稳态化和体内高效释放;突破益生元、益生菌在胃肠道上段的稳定性和下段的高效释放等关键技术。

6. 功能食品制造技术与装备研发及示范

围绕特殊人群的营养和功能需求,重点开展:①不同年龄层次特征人群新型功能食品创制技术与装备研发:利用现代食品组学、结合营养信息大数据与云计算技术,明晰各年龄段人群营养需求及健康特征,结合食品营养个性化早期诊断技术与终身配餐设计及咨询定制服务技术体系,设计新型的精准营养补充、营养强化型食品;根据特征人群的营养需求,基于现代分离提取、高效制备、营养功能稳态化技术开展特色食物活性成分并开展新型功能化食品创制。②特殊医学用途食品制造关键技术研究与装备开发:利用基因组学和代谢组学手段,研究糖尿病、肿瘤、炎症性肠病、脑健康等特定疾病状态人群的营养需求、能量代谢模式及机体生理反应;充分利用我国传统医药资源尤其是药食同源的物品,筛选膳食源功能因子,研究功能因子的量效关系及其安全用量,阐明功能因子的代谢途径和作用机理,并开展功能学动物实验及必要的人体试食实验,验证相关功能。③特殊保障需求功能食品创制技术与装备研发:根据舰船航海、航空航天、野外科考、高原戍边等特殊环境工作人员的营养需求,利用营养功能稳态化、3D 打印等技术,重点开展远洋、高原、防化、航空航天等特需食品的精准靶向定制,重点保障功能食品的特用性及营养功能性。

一、产业现状与重大需求

传统的食品加工业多为高污染、高耗能产业，随着社会的发展，人口激增、化石能源等非可再生资源短缺、环境污染加剧等问题日益突显，我们亟须一种新型、绿色的食品制造方式用以逐步替代传统制造方式。

生物制造是集生物技术、食品科学、计算机科学、生化与分子生物学等多学科为一体的新兴交叉学科，主要以微生物细胞或酶蛋白为催化剂，利用生物体机能进行大规模物质加工与物质转化或以经过改造的新型生物质为原料制造食品，进而制造工业化食品的新兴领域，主要表现为基因工程、细胞工程、发酵工程、酶工程、生物过程工程等生物技术的发明与应用。生物制造有助于改良食品原料的品质、优化传统加工工艺、创新食品制造工艺、制造新型食品、提高能效、减少污染物排放，从而有效改善传统食品制造模式，促进可持续发展。

近年来，美国、日本等发达国家已将绿色生物制造纳入其国家战略规划。欧盟"地平线 2020 计划"框架下加紧部署围绕低碳转化微生物平台建设等优先研究项目。英国生物技术和生物科学研究理事会明确将农业与食品安全、工业生物技术与生物能源、服务健康的生物科学纳入战略规划。我国"十三五"生物产业发展规划及创新专项规划中大力提倡绿色制造，将食品生物制造作为未来着力发展的战略高技术产业，培育生物经济新动力。食品生物制造的发展将积极推动食品工业智能化发展及产业结构调整，促进我国食品工业向绿色低碳及智能制造方向发展。

食品生物制造的研究与应用对促进我国食品行业发展、提升相关领域在国际上的影响力和竞争力具有重要作用。未来，食品生物制造将引领传统食品产业转型升级、新产品创制以及产业结构调整，从不同层面影响人们的生活和生产方式，对国民健康和可持续发展产生深远影响。然而，我国的食品生物制造领域的研究与欧美日等发达国家相比相对滞后，诸多技术仍处于学习、模仿、探索和攻坚阶段，基础理论研究碎片化、核心技术不成熟、生产成本偏高，严重制约了食品生物制造领域的科技和产业发展。

二、重大科技进展

生物技术作为生物制造的核心驱动力，对生物制造的发展起到了至关重要的推动作用，根据生物技术特点及发展阶段，可将生物制造食品分为传统生物制造食品（如蛋白肽、低聚糖等酶转化食品，发酵乳、醋、纳豆等微生物发酵食品）、新型生物制造食品（植物蛋白肉、生物合成食品组分等）。其中，传统生物制造食品在中国已经有多年的研究与应用基础，在此不再赘述。根据生物技术的特点，新型生物制造食品又可进一步分为传统技术制造的新型产品和新兴技术制造的新型产品两大类。

（一）传统技术制造的新型产品

1. 素肉（植物蛋白肉）

随着社会的发展，人们对素食的需求愈加强烈，素食习惯或者减少肉类摄入等生活方式的改变可有效应对气候变化。正是这种趋势，促进了来自植物和非传统肉制品的发展。传统的素肉，又称植物蛋白肉，在我国有着多年的历史。美国 Impossible Foods 公司以植物组织蛋白为基础，通过添加血红素生产的植物蛋白肉制品，已经获得了近 5 亿美元的投资，并实现了在美国、中国香港等地的销售。这一成功的案例，也掀起了植物蛋白肉在我国的又一次研究与推广热潮。

植物蛋白肉由于植物蛋白来源广泛、加工工艺相对成熟，已经逐步开始商业化生产，但在口感、风味与营养等方面与传统肉制品仍然存在较大差距，还有一系列关键问题有待深入研究，主要集中在植物蛋白品质改良、纤维化结构加工和营养风味物质添加等。

2. 木头造酒

木材是一种致密的生物质，由纤维素、半纤维素等交叉缠绕组成，主要用于家居建材、燃料利用等领域，对传统材料进行创新应用，是诸多科学家、公司的研究目标。日本 Fruit Liqueur Freaks 公司将北山丸太这种木材制成了利口酒。该公司首先将木材分割，然后放入烤箱中烤到恰到好处，使木材散发出如枫糖浆般香甜的树液的味道。然后将烤好的木头装瓶，开始酿造。日本森林综合研究所的这一新技术在酿造过程中不采取化学处理或者热处理，而是在 80℃ 以下环境中将粉碎后的木屑和矿泉水混合，并添加制造食品用的酶和酵母进行发酵然后蒸馏，最终可得到酒精度约为 30% 的蒸馏液。在实验中，以杉树和白桦等为原料发酵获得的蒸馏液分别带有这些树木各自特有的香味。截至目前，研究人员已开始尝试利用香柏、白桦和樱桃木酿酒。4 千克香柏木能制造出酒精含量约 15% 的 3.8 升的木头酒。不过这种"树酒"在能最终品尝前还要确认其饮用的安全性，该公司计划在 2020 年前推出世界首瓶"树酒"。

3. 木头蛋白

美国一家农业生物技术公司 Arbiom 利用微生物发酵技术，整合了其专有的酶技术和生物质加工技术，将木材转化为营养饲料和食品配料，再经过最后的下游加工技术，将木材转化为酵母单细胞蛋白（SylPro）。SylPro 是一种高生物利用度的蛋白质和氨基酸来源，蛋白质含量大于 60%，并且含有 β-葡聚糖等功能性纤维，以及 B 族维生素。而且 SylPro 的吸收率很高，最近的一项猪模型研究显示其总蛋白质消化率可达到 96%。SylPro 将首先应用于渔业养殖饲料中，与鱼粉相比，SylPro 具有显著的优势，在营养品质上可与乳清蛋白浓缩蛋白相媲美。与其他浓缩蛋白相比，SylPro 是鱼类需要的赖氨酸、蛋氨酸和苏氨酸三种必需氨基酸的极佳来源。把木材变成食物，无论是喂鱼还是以后给其他动物或人吃，都是一项变废为宝、符合可持续食品方向的潜力技术和商业机会。目前 SylPro 已被美国、加拿大和欧盟批准用于饲料和食品。

（二）新型技术制造的新型产品

1. 生物合成食品组分

合成生物学是近年来新兴的交叉学科，结合了传统的代谢工程和系统生物学概念，旨在建立人工生物系统，将基因连接成网络，让微生物底盘细胞完成设计人员设想的各种任务，如疫苗生产、新药制备、食品功能成分合成等。近年来，国家对生物制造业给予了大力支持，我国合成生物学发展如火如荼，但在食品领域的应用相对还较少。采用酶/微生物催化工艺生物合成食品添加剂及食品功能组分，既模拟了植物的代谢和合成途径，又满足了市场对天然功能组分的食用安全要求和需求，具有稳定、高效、经济、环境友好等一系列优点，符合我国食品领域绿色生物制造的战略趋势，展现了巨大的应用潜力和广阔的市场前景。目前，合成生物学已被广泛用于萜类化合物、黄酮类化合物，生物碱和聚酮等重要天然化合物的高效异源生物合成。其中，已有一些合成生物学来源的食品添加剂和食品功能组分被列入欧盟 EU 和美国 FDA 的目录，包括番茄红素、β-胡萝卜素和叶黄素等萜类化合物，L-谷氨酸盐和 L-半胱氨酸等氨基酸类化合物，姜黄素和甜菜红苷等多酚类化合物，山梨糖醇和木糖醇等糖类化合物，核黄素和次黄苷酸等核酸类化合物，柠檬酸和乳酸等羧酸类化合物等。其中，L-谷氨酸盐、核黄素、L-抗坏血酸、琥珀酸和乳酸等化合物的生物合成已经实现了工业应用。随着合成生物学开始转向食品功能组分等高价值、低用量的食品领域，采用合成生物学生产人类所需要的各类农产品及食品功能组分将成为国内外的研究热点。

2. 人造肉（细胞培养肉）

人造肉作为 2018 年全球十大突破和新兴科技之一，因其来源可追溯、食品安全性和绿色可持续等优势得到广泛的关注。欧美等国家已经投入大量资源开展细胞培养人造肉研究，2013 年，荷兰生物学家 Mark Post 用动物细胞组织培养方法生产出有史以来的第一整块人造肉，Memphis Meat、日本日清等多家国外公司也都用类似的技术制造出了人造肉，这一技术的发展与应用，未来将对我国的肉制品及食品市场造成一定的冲击。现阶段，细胞培养人造肉生产的挑战在于如何高效模拟动物肌肉组织生长环境，并在生物反应器中实现大规模的生产。尽管动物细胞组织培养技术已经得到深入的研究，并取得了不同程度的成功应用，但由于现有动物细胞组织培养成本与技术要求较高，仍不能实现大规模的产业化培养。因此，对于人造肉的生产来说，开发高效、安全的大规模细胞培养技术是亟须解决的问题，可以有效降低生产成本，实现产业化应用。

2019 年 11 月 18 日上午，中国第一块人造培养肉在南京农业大学国家肉品质量安全控制工程技术研究中心诞生。周光宏教授带领团队使用第六代的猪肌肉干细胞培养 20 天，生产得到重达 5 克的培养肉。这是国内首例由动物干细胞扩增培养而成的人造肉，是该领域内一个里程碑式的突破。此外，江南大学陈坚团队也在该领域取得了诸多进展，在实验室中制备出了肥瘦相间的人造肉。由此可见，人造肉在将来一定大有可为。

3. 人造奶

奶制品是人类消费的非常重要的一类食品，主要来源于牛羊等大型动物，由于饲养、挤奶等需要，每年给环境造成了很大的压力。总部位于美国伯克利市的 Perfect Day 公司采用基因生物学手段和技术向木霉宿主细胞中导入特定的 DNA 基因片段，使得转基因微生物群工业化发酵表达牛乳蛋白以及相应的来源于动物或植物的营养成分，同时不需要伤害任何动物的生命而且大大减少可能对环境造成的危害。该产品不仅不依赖于动物饲养、宰杀，节省了 98% 的水、减少了 91% 的土地需求、减少了 84% 的温室气体排放、节约了 65% 的能源，且更加美味、高蛋白、无乳糖、无激素抗生素类固醇、无胆固醇，可保存更长的时间，是一款相对清洁、绿色、环境友好的人工合成食品。Perfect day 牛奶还可用于其他食品的进一步加工，如奶酪、酸奶、巧克力奶、冰淇淋、披萨等，其中，该公司推出的首款生物制纯素冰淇淋（每罐 20 美元，包含 3 种口味，分别为香草盐软糖、香草黑莓太妃糖和牛奶巧克力，限量 1 000 罐）口感可与牛奶冰淇淋媲美，24 小时内售空！展现了极大的市场需求和发展空间。目前，人造奶仅仅模仿了其中蛋白质的部分，但对于脂质、多糖、风味物质等的生物合成还很难实现，因此，制造全脂牛奶还有很长的路要走。Perfect day 公司已与食品生产巨头 Archer Daniels Midland（ADM）等公司合作，将产品由中试向全面生产迈进。

4. 空气蛋白

NASA（美国国家航空航天局）在 20 世纪 60 年代提出"让执行长期任务的宇航员在太空中可以持续吃到肉"，并试图利用碳转化技术将宇航员呼出的二氧化碳固定转化为蛋白质，并且找到了解决方案。美国加州的 Kiverdi 公司从相关研究及解决方案中受到启发，他们借助了微生物，用发酵罐培养氢营养菌，这种菌能利用氢气作为电子供体，将二氧化碳还原为有机物。他们给这些微生物"喂食"空气、水、矿物质的混合物，让它们来合成蛋白质。该公司利用这种空气蛋白技术可以合成约 80% 蛋白质含量的蛋白粉，这种淡棕色粉末不同于植物基蛋白，具有与动物蛋白相同的氨基酸谱，并且富含纯素食中缺乏的 B 族维生素，包括维生素 B_{12}。Air Protein 蛋白味道比较中性，不酸不甜，不淡不咸。称它为肉类可能有点言过其实，但该公司表示，它可以与其他成分混合制造包括牛肉、鸡肉在内的任何肉类替代品，还可以作为蛋白棒或奶昔的添加剂使用。Air Protein 并不是唯一一家使用空气制造蛋白质的公司，芬兰国家技术研究中心（VTT）的一个衍生公司 Solar Foods 使用特有的微生物、空气中的二氧化碳、水、电及太阳能等生产高蛋白原料，并将这种蛋白质命名为 Solein。Solein 空气蛋白没有 Air Protein 空气蛋白有那么高的蛋白质含量，它的蛋白质含量在 50% 左右，也有所有肉类必需的 9 种氨基酸，另外，还含有 5%～10% 的脂肪以及 20%～25% 的碳水化合物。用空气制造出"肉"，生产过程无需耕地，对气候也无任何要求，无需养殖或种植，生产仅需数个小时，并且不受天气条件或季节的影响，而且在生产过程中完全不需要使用任何农药、除草剂、激素或抗生素，具有环境友好、安全等诸多优势，是一种非常理想的可持续食物，具有广泛的研究与应用前景。

三、重大发展趋势研判

当前，世界人口已逾 76 亿，全球生物经济进入快速增长期，地球生态、资源压力与日俱增，生物制造作为缓解这些问题的有效措施受到世界各国的广泛关注和高度重视。食品生物制造作为食品领域的技术生力军，必将引领食品工业发生重大变革。目前来看，我国的食品生物制造业发展相对较为落后，多为模仿或复制国外的想法和技术，跟跑现象较为明显。为打破这一局势，发展具有中国特色的食品生物制造行业，我们应努力做到以下几点。

1. 加强自由探索、原始创新

纵观国际上食品生物制造领域的原始创新，都具有不拘一格、"天马行空"的思想特点，但此类想法在我国很难得到基金等项目支持，科研人员往往不敢想、不能想，想了也难以实施、推进，得不到认可。尤其在研究所，大家面临着诸多生存压力，做太过超前、特别的选题，往往会被认为不务正业，甚至没法转化、没有企业能合作，进而活不下去。为鼓励原始创新，希望相关部门、单位能设立专项，帮助有想法、有能力的科研人员大胆尝试，争取早日做出属于我们自己的开创新成果。

2. 基础理论突破

疫情当下，社会又刮起"论文无用论"的歪风，可能会对基础理论研究造成重大影响。任何时候，理论创新才会激发原始创新，因此，加强理论研究是重中之重。酶和微生物作为生物制造的核心工具，依然是卡脖子问题，我国的核心酶制剂、微生物菌种仍然靠进口，这是限制我们发展的重大关键问题，因此，加强酶工程、合成生物学、微生物发酵等理论研究，开发新型、高效、特异的酶制剂和微生物，仍是未来的核心研究内容。

3. 关键技术攻关

通过对研究现状及未来发展趋势进行剖析，对以酶转化和微生物转化为核心的传统食品生物工程技术的夯实和发展、对以基因编辑和合成生物学等现代生物学技术为核心的新型食品生物工程技术的拓展和创新是两个主要核心发展方向。具体将重点发展八大技术：传统发酵酿造食品、食品发酵剂、食品微生物高效基因编辑及特定功能成分靶向生物合成、食品酶的发掘及高效表达系统构建、益生菌的开发与功能活性、特殊医学食品领域、人造肉等未来食品的生物制造、膳食模式调节促进脑健康的营养干预技术。

四、"十四五"重大科技任务

一是酶制剂等高新技术的开发与应用及其在食品加工与制造、食品质量安全控制等领域的应用。

二是组学与大数据技术在健康营养食品的精准制造、个性化营养健康食品的精准设计等领域的应用。

三是通过合成生物学构建具有特定合成能力的细胞工厂种子、生产人类所需要的淀粉、蛋白、油脂、糖、奶、肉等各类农产品及食品功能成分。

一、产业现状与重大需求

真菌毒素是真菌产生的次生代谢产物，主要包括黄曲霉毒素、镰刀菌毒素、赭曲霉毒素等，具有强毒性和强致癌性，能够污染几乎所有种类的食用和饲用农产品，且我国食用和饲用农产品真菌毒素污染面广、量大且含量高，严重威胁食品安全和粮食安全，并造成巨大经济损失。加强农产品收贮运加全链条真菌毒素防控研究已成为保障我国食品安全，实施乡村振兴战略和维护国家经济利益的迫切需求。

2019 年我国农产品真菌毒素污染情况不严重，但是也有几起真菌毒素超标通报：① 2 月，上海市消费者权益保护委员会公布对市场上的宠物食品（犬粮）比较试验结果，从宠物店、宠物医院及电商平台等渠道购买的 48 件样品中，有 4 件样品玉米赤霉烯酮实测值超过相关标准限量要求（标准参考值：≤0.18 毫克/千克），严重的可能会导致宠物中毒；② 8 月 23 日，安徽省淮南市市场监督管理局发布公告，2 批次小麦粉脱氧雪腐镰刀菌烯醇不符合国家食品安全标准规定（限量值：≤1 000 微克/千克）；③ 9 月 4 日，江苏省市场监督管理局通报，1 批次麦芯粉脱氧雪腐镰刀菌烯醇不符合国家食品安全标准规定；④ 12 月 12 日，贵州省市场监督管理局通报，1 批次玉米面玉米赤霉烯酮不符合食品安全国家标准规定（限量值：≤60 微克/千克），1 批次油炸花生米黄曲霉毒素 B_1 不符合食品安全国家标准规定（限量值：≤20 微克/千克），1 批次纯玉米粉黄曲霉毒素 B_1、玉米赤霉烯酮不符合食品安全国家标准规定。

在进出口方面，2019 年欧盟食品和饲料快速预警系统（RASFF）通报违例案例 252 起，涉及真菌毒素污染的违例案例 39 起，占 15.48%；其中涉及黄曲霉毒素污染 33 起，赭曲霉毒素 A 污染 6 起。黄曲霉毒素污染主要涉及花生制品，共 32 起。由此可见，农产品真菌毒素污染仍是我国农产品出口欧盟的最大阻碍之一，特别是花生制品黄曲霉毒素污染。

总之，我国农产品真菌毒素污染事件仍然频发，严重威胁我国食品安全、出口贸易，并造成巨大的经济损失，影响我国食品安全战略、健康中国战略和乡村振兴战略的实施。因此，加强真菌毒素形成调控机理研究，解析收贮运加工过程中真菌毒素迁移转化机制，研发真菌毒素及其产毒菌高通量快检技术和监测预警模型，研发真菌毒素绿色安全防控技术和生物脱毒技术，研制高效安全抑制剂、脱毒酶制剂和脱毒菌制剂，仍是防控农产品真菌毒素污染的国家重大科技需求。

二、重大科技进展

1. 真菌毒素检测

中国农业科学院将分子印迹技术与电化学传感技术有机结合，以负载 Pt 纳米粒子的氮掺杂石墨烯纳米材料为基底、以硫堇为聚合单体和信号指示剂，通过电化学聚合法成功研制了展青霉素的分子印迹纳米材料，实现了展青霉素的特异、灵敏、准确、快速测定，检出限为 0.001 纳克/毫升。该研究具有较强的创新性，为其他有毒有害污染物的快速灵敏检测提供了新思路，研究成果发表在 *Anal. Chem*［2019，91（6）：4116-4123］。

采用单层硫堇功能化的二硫化钼为基底材料和信号指示剂，以铂纳米离子修饰的玉米赤霉烯酮（ZEN）抗体为特异性识别元件，研制了可以用于人体血液中 ZEN 毒素快速、准确测定的电化学免疫传感器，该传感器灵敏度高，线性范围宽，且具有较好的重现性和稳定性，该研究开辟了电化学免疫分析传感器在血液等生物样品中真菌毒素检测的新路径，研究成果发表在 *Biosensors and Bioelectronics*（2019，130：322-329）。

2. 真菌毒素毒理

中国农业科学院利用雄性 BALB/c 小鼠开展脱氧雪腐镰刀菌烯醇（DON）对雄性生殖健康的毒性作用及致毒机理研究，发现 DON 可能通过诱导睾丸组织氧化应激，进而激活 JNK/c-jun 信号通路磷酸化，诱导睾丸组织凋亡，而导致雄性动物精子损伤，该研究成果发表在 *J. Agri. Food Chem*（2019，67：2289-2295）。

3. 真菌毒素合成调控

中国农业科学院系统解析了水活度和温度相互作用在稻谷和大米上对黄曲霉生长、产毒和毒素合成基因表达的影响，发现在大米上黄曲霉毒素污染发生的温度和水活度范围显著大于稻谷，在大米上黄曲霉生长的适宜条件为 a_w 0.92~0.96℃ 和 28~37℃，a_w 0.96℃ 和 33℃ 时大米 AFB_1 含量最高；qPCR 结果表明，毒素合成量与合成路径后期结构基因表达呈良好的正相关性，反而与簇内转录调节基因 *aflR* 和

aflS 无相关性，该研究成果发表在 *Food Chem*（2019，293：472-478）。

中国农业科学院揭示了赭曲霉 Velvet 复合体 *laeA*、*veA* 和 *velB* 基因对菌丝生长、孢子形成、赭曲霉毒素 A（OTA）合成和光照相应的调控作用，发现 *laeA* 基因缺失菌株在黑暗条件下丧失孢子形成能力，3 个基因的缺失均能极大地降低 OTA 产生，相应的毒素合成相关基因表达量下调，对梨的致病力也显著下降，该研究成果发表在 *Front. Microbiol*（2019，10：2579）。

4. 真菌毒素防控

中国农业科学院采用转录组组学分析系统揭示了肉桂醛抑制黄曲霉毒素合成的分子机制，肉桂醛通过上调氧化应激相关转录因子 *srrA*、*msnA* 和 *atfB*，降低胞内活性氧水平，从而抑制黄曲霉毒素的合成，该研究成果发表在 *Sci. Rep*（2019，9：10499）；在前期研究基础上，复配了植物精油复合防霉剂，开展了为期一年的玉米储藏实验，采用 ITS 高通量测序和常规平板培养实验发现该复合防霉剂可高效抑制各种真菌的发生，特别是曲霉属真菌在储藏后期受到显著抑制，AFB_1、ZEN、DON 等真菌毒素也受到显著抑制，该研究成果发表在 *Front. Microbiol*（2019，10：1643）。

中国农业科学院筛选获得一株可高效抑制黄曲霉生长和产毒（抑制率 93%）的植物乳杆菌，超微结构观察发现该菌可以破坏菌丝和孢子的细胞结构，转录组学分析发现毒素合成相关基因表达受该菌显著抑制，细胞壁多糖合成和组织相关基因表达上调，该研究结果发表在 *Toxins*（2019，11：636）；中国科学院上海营养所，研发了一种基于哈慈木霉代谢物的纳米硒生物材料，能显著拮抗产毒的病原真菌发生，同时也能减少真菌毒素污染的产生，如链格孢毒素 TeA（抑制率 83%）和 AOH（抑制率 79%）、伏马毒素 FB_1（抑制率 63%）、呕吐毒素 DON（抑制率 76%），研究成果发表在 *Food Control*（2019，106：106748）。

5. 真菌毒素脱毒

江苏农业科学院系统研究德沃斯菌 A16 对脱氧雪腐镰刀菌烯醇（DON）及其衍生物的生物降解效应，首次发现了该菌还可同时对 3Ac-DON 和 5Ac-DON 具有显著的降解活性，并明确了 DON 毒素及其衍生物的生物降解途径，证明降解产物 3 酮基 DON 的毒性已降低至 DON 的 1/10，该研究成果发表在 *Food Chem*（2019，276：436-442）。

中国科学院上海营养所参考国内外已有降解酶基因（ZEN 水解酶 ZHD 和羧肽酶 CP），经密码子优化、改造成新的融合基因，通过原核表达、分离纯化后获得重组酶。该酶可在 2 小时完全降解 ZEN（pH7、35℃）、30 分钟完全降解 OTA（pH7、30℃）；降解产物对不同人源性肝、肾等细胞无明显损伤，研究成果发表在 *Toxins*［2019，11（5）：301］。

三、重大发展趋势研判

在国家科学技术部、农业农村部等各级科研项目的支持下，在我国科研工作者、政府监管部门和农产品加工企业的共同努力下，我国真菌毒素防控研究取得了很大的进步，我国真菌毒素整体防控能力得到了较大的提升，2019 年未出现大的真菌毒素污染事件。但食品真菌毒素超标事件仍时有发生，真菌毒素污染违例事件仍是我国农产品出口贸易的最主要阻碍因素之一。农产品真菌毒素污染是食品安全的重要方面，事关人民群众身体健康和社会稳定，与人病毒防控一样，一刻也不能掉以轻心，防患于未然。因此，农产品真菌毒素防控工作还需继续重视，毒素防控研究仍需加强。

真菌毒素相关研究是国际食品安全领域最重要的研究热点之一，世界各国都在加大科研投入，加强相关研究工作。重大发展趋势主要有：新型真菌毒素的发现和鉴别，随着组学、质谱、结构解析、信息等新技术的发展，人们对未知化合物的发现、识别和结构解析能力得到了很大提升，因此新型真菌毒素的发现和鉴别成为未来研究趋势。

1. 加强真菌毒素合成的调控机制研究

随着组学、合成生物学、分子生物学等新技术的发展，人们对真菌毒素合成调控机制研究变得更为便捷。重点阐明温度、水活度、光照等环境因子调控黄曲霉毒素、赭曲霉毒素和镰刀菌毒素合成的分子机理，揭示天然提取物抑制真菌毒素及其产毒菌产生的分子机制，为真菌毒素监测预警和靶向防控提供理论依据。

2. 重点突破真菌毒素监测预警防控技术

随着信息、大数据、区块链、5G、人工智能等新技术快速发展，使得智能化、主动化真菌毒素监测预警防控成为发展趋势。综合真菌毒素合成调控机制、产毒菌、调控真菌毒素合成的分子机理，建立田间、储藏期真菌毒素监测预警模型，研发出低成本安全的田间生物防控技术和产品；筛选到高效抑制真菌毒素及其产毒菌的天然活性物质，降低天然提取物防控技术和产品成本，研制高效综合应用温、湿、气调控和高效抑制剂应用，建立储藏过程中真菌毒素及其产毒菌立体防控技术体系。

3. 真菌毒素污染农产品的智能分选和精准脱毒技术

随着光谱、合成生物学、人工智能等新技术的快速发展，使得真菌毒素污染农产品的智能分选去除和精准脱毒成为发展趋势。重点提高现有分选技术和装备的通量、智能化和精准度并降低成本；重点揭示真菌毒素的生物酶解路径和产物的安全性，应用合成生物学降低生物酶脱毒技术和产品成本，研发高效安全的脱毒酶制剂和菌制剂。

四、"十四五"重大科技任务

面向"国际真菌毒素"领域科技前沿，建立农产品真菌毒素的形成、预防和控制理论体系，发表高水平研究论文；面向"食品安全、增效增收、环境友好"的国家重大需求，创新农产品真菌毒素预防和控制技术，搭建绿色、安全、高效的农产品真菌毒素预防和控制技术体系；面向"农产品加工产业提质增效、安全品质升级"主战场，创制农产品真菌毒素预防和控制产品及装备，并进行产业化应用，提高我国农产品质量，促进我国农产品加工企业提质增效、农民增收。

1. 我国农产品真菌毒素及其产毒菌污染调查及数据库构建

全面查清我国粮油、果蔬、坚果、中药材、香辛料、饲料原料等食用和饲用农产品真菌毒素及其产毒菌污染情况，获取真菌毒素及其产毒菌污染动态数据，解析污染发展趋势；明确我国各类农产品主产区土壤真菌分布情况及产毒特征，为我国农产品种植区选择提供指导；构建完善的真菌毒素及其产毒菌污染数据库，以及产毒菌、生防菌、脱毒菌菌种资源库。

2. 真菌毒素及其产毒菌快检技术研发和监测预警模型建立

采用质谱、组学等技术，识别和鉴定新型真菌毒素；开发基于序列特异性的多种产毒菌精准快速检测方法，建立基于毒素合成基因表达与毒素分子识别的真菌毒素检测方法，构建产毒菌与真菌毒素发生预警模型。

3. 真菌毒素风险评估

明确镰刀菌毒素、赭曲霉毒素等真菌毒素及其代谢产物对细胞活性、DNA、RNA和蛋白合成及新陈代谢的影响，揭示真菌毒素及其隐蔽型对肠道菌群的影响；解析农产品收贮运加工过程中真菌毒素的迁移、代谢转化规律。

4. 真菌毒素合成调控机制研究

阐明不同食品基质和光照、温度等环境因子调控产毒菌生长和真菌毒素形成的分子机制，解析植物提取物、微生物及其活性成分抑制产毒菌生长和真菌合成的生化与分子机制。

5. 真菌毒素绿色安全防控技术研究及产业化应用

解析辐照脱毒、加工脱毒、生物脱毒等方式降解真菌毒素的分子基础，明确植物源化合物抑制产毒菌生长和真菌毒素产生的机理，揭示微生物抑制产毒菌生长和真菌毒素产生的物质基础；开发物理、化学、生物的产毒菌抑制技术与真菌毒素脱除技术；针对作物种植、收获、储藏、加工各阶段，研制真菌毒素及其产毒菌抑制产品，并进行产业化应用。